虚拟现实中三维模型处理与动画压缩技术

罗国亮 著

U0251180

清华大学出版社
北京

内 容 简 介

虚拟现实技术基于计算机图形、多媒体和传感器等技术，模拟现实世界或虚构的场景，并为用户提供逼真的视觉、听觉和触觉体验。本书分为 6 章，分别介绍了虚拟现实技术的国内外现状、应用领域，以及作者在三维建模技术、三维模型快速消隐技术、三维模型快速剖切技术和三维动画压缩技术等虚拟现实关键核心技术上，所开展的相关技术研究进展，并介绍了虚拟现实技术的未来发展趋势。

本书可作为高等院校计算机科学、软件工程、信息与通信等工科专业的教材，也可作为虚拟现实技术领域人员的参考书籍。

图书在版编目(CIP)数据

虚拟现实中三维模型处理与动画压缩技术/罗国亮著. —北京：清华大学出版社，2024.3
ISBN 978-7-302-65444-5

Ⅰ.①虚… Ⅱ.①罗… Ⅲ.①三维动画软件 Ⅳ.①TP391.414

中国国家版本馆 CIP 数据核字(2024)第 043618 号

责任编辑：郭丽娜
封面设计：曹　来
责任校对：李　梅
责任印制：宋　林

出版发行：清华大学出版社
网　　址：https://www.tup.com.cn，https://www.wqxuetang.com
地　　址：北京清华大学学研大厦 A 座　　　邮　编：100084
社 总 机：010-83470000　　　　　　　　　邮　购：010-62786544
投稿与读者服务：010-62776969，c-service@tup.tsinghua.edu.cn
质量反馈：010-62772015，zhiliang@tup.tsinghua.edu.cn
课件下载：https://www.tup.com.cn，010-83470410
印 装 者：三河市龙大印装有限公司
经　　销：全国新华书店
开　　本：185mm×260mm　　　印　　张：8　　　字　　数：182 千字
版　　次：2024 年 5 月第 1 版　　　　　　印　　次：2024 年 5 月第 1 次印刷
定　　价：59.00 元

产品编号：103467-01

前　言

　　虚拟现实技术是新一代信息技术重要的前沿技术领域,结合了计算机图形、多媒体和传感器等技术,通过模拟现实世界或虚构的场景,为用户带来身临其境的视觉、听觉和触觉体验。随着科技的进步和信息化水平的提高,虚拟现实技术在数字娱乐、文化创意、智慧城市等领域的应用不断拓展,更有望成为推动文化产业、数字经济发展的新引擎,为相关产业的增长和转型升级注入强劲的动力。

　　近年来,党中央、国务院高度重视虚拟现实产业发展。在《中华人民共和国国民经济和社会发展第十四个五年规划和2035年远景目标纲要》(以下简称"十四五"规划)中,"虚拟现实和增强现实"被列入数字经济重点产业。2022年11月,为提升我国虚拟现实产业核心技术和创新能力,工业和信息化部、教育部等五部委联合印发了《虚拟现实与行业应用融合发展行动计划(2022—2026年)》,鼓励加大虚拟现实相关基础理论、关键技术与应用技术的研发投入,支持具有技术优势的龙头企业、高校、科研院所、标准组织和产业联盟等组建多元创新载体,加强关键核心技术与产业共性技术攻关。与此同时,党的二十大报告强调,要加快建设网络强国、数字中国,并提出加快发展数字经济,促进数字经济和实体经济深度融合,打造具有国际竞争力的数字产业集群。2023年5月17日,教育部联合中央宣传部、中央网信办等十八部门发布了《关于加强新时代中小学科学教育工作的意见》,提出利用人工智能、虚拟现实等技术手段改进和强化实验教学。虚拟现实技术作为虚拟世界和现实社会交互的主要媒介,是数字经济的重大前瞻领域,正在深刻改变人类的生产生活方式。随着相关产业培育支持政策的落地,虚拟现实与行业应用融合发展有望加速,助推传统行业数字化转型升级,数字经济将会释放出更强的增长动力。

　　本书编写的初衷在于系统地总结和阐述作者在虚拟现实技术中的三维建模技术和三维动画压缩技术等领域的研究与成果,为读者提供一份全面且深入的参考资料。全书共分为6章。第1章是绪论,介绍了虚拟现实技术的发展历程、研究现状、基本特征、系统类型、应用领域和关键技术。第2章研究采用三维建模技术满足构建更为精细和高质量的虚拟现实环境的需求,包括等高线采样、三维曲面建模、地形插值方法、岭回归平滑方法及卷积平滑方法。第3章介绍了三维模型快速消隐技术,实时呈现复杂的三维模型,同时实现对大规模场景模型的运算性能提升,包括基于优化的 Z-buffer 算法、三维场景像素化、Open CASCADE 消隐算法。第4章介绍了一种大规模三维模型快速剖切方案,包括剖切三角面片定位、三角剖分法、数据结构优化和 CUDA 优化策略。第5章深入研究了三维动画压缩技术,探讨如何在保证视觉效果的同时减轻数据的存储和传输负担,包括基于时空分割的压缩算法、JPEG 压缩算法、MPEG 压缩算法、编辑边界优化方法、eK-means 聚类算法和基于 LLE 降维的帧分类等。第 6 章是总结与展望,包括虚拟现实技术发展前景、研究成果总结与下一步研究工作。

本书付梓之际,感谢研究团队的辛勤付出:尤其是王睿针对大规模三维场景提出的快速建模方法有效地解决了工程建设中的实际问题;赵昕在三维动画压缩方面提出的时空分割压缩方法及其优化算法对推动三维动画技术的发展具有重要意义;王贺在三维动画数据进行结构化的基础上,改进了经典图像、视频压缩算法,实现了新的三维动画压缩优化;管泽伟针对本书的数字人、虚拟现实系统部分提供了宝贵的素材;汪璐琪、麻文灏、朱合翌、熊彦博、郑欢、疏子龙、黄小君、胡龙浩、邱雷宁馨等参与了书稿的准备和撰写工作。

由于该领域涉及理论技术复杂,作者水平有限,书中不足之处在所难免,望广大读者批评、指正。

罗国亮

于华东交通大学

2024 年 1 月

目　录

第1章　绪　　论

虚拟现实技术最早由美国的杰伦·拉尼尔(Jaron Lanier)在 20 世纪 80 年代初提出[1]。虚拟现实技术是集计算机技术、传感器技术、人类心理学及生理学于一体的综合技术,它是通过利用计算机仿真系统模拟外界环境,主要模拟对象有环境、人物角色、物理性质、过程与系统等,为用户提供多信息、三维动态和交互式的仿真体验。本章介绍虚拟现实技术的背景和定义,并强调其在各个领域中的研究意义。通过回顾国内和国外虚拟现实技术的发展历程和研究现状,我们可以了解到虚拟现实技术在全球范围内的进展情况。在介绍虚拟现实技术的基本特征时,本章提到了沉浸性、交互性、构想性和多感知性等关键特征,这些特征使得虚拟现实技术能够提供身临其境的体验和与用户的互动。此外,本章还介绍了虚拟现实系统的不同类型,包括桌面式虚拟现实系统、沉浸式虚拟现实系统、增强式虚拟现实系统和分布式虚拟现实系统,这些系统为不同应用领域提供了多样化的解决方案。本章探讨了虚拟现实技术在轨道交通、文化遗产、医学和教育等领域的应用。虚拟现实技术在这些领域中具有巨大潜力,可以提供训练、模拟、展示和互动等多种应用场景,为解决实际问题和提升用户体验带来了新的可能性。最后,本章介绍了虚拟现实关键技术。

通过本章的内容,读者可以对虚拟现实技术的发展历程、基本特征、系统类型、应用领域和关键技术有一个全面的了解,并为后续章节对虚拟现实技术的深入研究和应用奠定基础。

1.1　虚拟现实技术背景和研究意义

1.1.1　虚拟现实技术的定义和由来

虚拟现实(Virtual Reality,VR)是一种通过计算机生成的模拟环境,使得用户沉浸在虚拟世界中,仿佛身临其境。使用虚拟现实技术的用户通常戴着特定的头戴显示器(Head-Mounted Display,HMD)或者通过其他设备与虚拟环境进行互动,例如手柄、手套或者全身运动追踪器。虚拟现实技术通常结合了三维图形渲染、声音、触觉和其他感官反馈技术,以创造出逼真的虚拟体验。

虚拟现实技术的起源可以追溯到 20 世纪 60 年代,当时伊凡·苏泽兰(Ivan Sutherland)提出了第一个被广泛认可的虚拟现实设想——"头戴式显示器",该设想在计算机图形学和人机交互领域引发了深入的探索和研究。随着技术的进步,虚拟现实在 20 世纪八九十年代得到了进一步发展。虚拟现实通过计算机模拟三维虚拟世界,不仅模拟用户的视觉感受,还通过额外的设备获得听觉和触觉的反馈。虚拟现实允许用户移动位置时,计算机立即进行复杂的运算,将精确的三维世界影像传回并产生临场感。虚拟现实技术集成了计算机图形、计算机仿真、人工智能、感应、显示及网络并行处理等技术的最新发展成果,是一种由计算机技术辅助生成的高技术模拟系统[2]。

1990 年,虚拟现实技术进入了商业化阶段,一些公司开始推出虚拟现实产品,并在军事、航天和娱乐等领域应用。近年来,随着计算机图形学、人工智能、传感器技术和计算能力的不断进步,虚拟现实设备提供了更高的分辨率、更低的延迟和更真实的感官体验。虚拟现实技术已经广泛应用于游戏、教育、医疗、建筑、工业设计和训练等领域,并且持续吸引着越来越多的研究和商业投资。

1.1.2　虚拟现实技术的研究意义

随着社会生产力和科学技术的不断发展,各行各业对虚拟现实技术的需求日益旺盛,诸如虚拟战场、远程手术、潜水训练等。随着计算机软、硬件技术和网络技术的进一步发展,虚拟现实技术也取得了巨大进步,并逐步成为一个新的科学技术领域。其应用范围正在从航天、军事、医学、建筑等工程领域扩展到媒体传播和娱乐领域,这是一项有潜力改变人类生活方式的重大技术。

虚拟现实技术的研究具有以下几方面的意义。

(1) 娱乐体验:虚拟现实技术为电子游戏、电影等娱乐形式提供了更加沉浸式的体验,可以增强用户的参与感和代入感。

(2) 设计展示:虚拟现实技术可以将设计图纸转化为三维模型,供设计师、建筑师和艺术家等专业人员使用。此外,虚拟现实技术还能够将产品、建筑等展示于虚拟空间中,让消费者更加直观地感受到产品的外观和功能。

(3) 教育培训:虚拟现实技术可以创建各种仿真环境,如医学手术仿真、飞行和驾驶模拟等。通过这些环境,人们可以在安全、低成本的情况下进行实践学习,提高专业技能和应对复杂场景的能力。

(4) 新型人机交互方式:虚拟现实技术利用计算机图形学、人工智能及传感器等技术,创造出一种全新的人机交互方式。该交互方式不仅可以扩展人类感知和行为的极限,还可以提高人类认知和学习能力,进而推动人机交互领域的研究和发展。

(5) 科技创新:虚拟现实技术是多个领域技术的综合体现,如计算机图形与计算机视觉、传感器技术和人工智能等。在虚拟现实技术的推动下,这些领域的技术也得到了不断提升和创新。

(6) 医疗康复:虚拟现实技术被广泛应用于医疗和康复领域,例如帮助患者减少疼痛、治疗儿童自闭症、训练截肢者使用假肢等。通过虚拟现实技术,可以为患者提供更加舒适、安全和有效的康复方式。

总之,虚拟现实技术的研究意义非常重要,其应用领域也正在不断扩展和深化,并且未来还有更加广阔的应用前景和发展空间。

1.2　虚拟现实技术发展历程与研究现状

近几年出现的低成本消费级虚拟现实产品更是将虚拟现实技术迅速推向市场,VR 在医疗、制造、军事等各行业获得深度开发与应用。因 VR 的核心技术延展性较强,应用领域广泛,所以 VR 有可能成为下一个技术创新的基石。

VR 技术起源于计算机图形学,现已扩展到仿真、传感等多个学科领域。虚拟现实依赖于三维(Three Dimensional,3D)立体头部跟踪显示及身体跟踪感应技术,从而构成一种身临其境的多感官体验。借助专门设计的传感器,用户可以与三维图像进行交互,操纵虚拟对象,使用户感知到与真实世界相当的虚拟环境。基于先前的研究,虚拟现实可定义为特定的技术集合。虚拟现实的理想定义不仅包括计算机生成的世界,还包括感知环境的虚拟现实系统。其中虚拟现实系统可简化为可呈现模拟世界的计算机程序,是一种高度交互的三维数字媒体环境,用户直观体验模拟环境,获得听觉、触觉及视觉等多感官反馈。

虚拟现实系统的特征是沉浸感、交互感与存在感的高度融合。沉浸程度与刺激感官量相关,受模拟环境与现实相似性的影响。交互感强调用户与虚拟环境之间的流畅性人机互动,尽可能模拟用户听觉、视觉和触觉等感官体验。存在感可认为是处于虚拟环境中的主观心理感觉,用户在相同三维计算机生成环境中可能会产生不同程度的存在感[3]。

虚拟现实技术是一项潜力巨大的新兴技术,有着广泛的应用前景,将深刻地影响科学、工程、文化教育、医学和认知科学等多个领域。未来,虚拟现实系统有望成为人们思维和创造的有力助手,助推概念的深化和新概念的生成。

1.2.1　虚拟现实技术的发展历程

1. 概念萌芽阶段

虚拟现实技术构想的萌芽出现在 20 世纪 30 年代,由法国剧作家、诗人、演员和导演安托南·阿尔托(Antonin Artaud)在他的知名著作《戏剧及其重影》(*Le Théâtre et son Double*)中,将剧院描述为"虚拟现实(la réalité virtuelle)"。直到 20 世纪 60 年代虚拟现实仍处于概念术语确立阶段。虚拟现实的概念首先来自斯坦利·G. 温鲍姆(Stanley G. Weinbaum)的科幻小说《皮格马利翁的眼镜》(*Pygmalion's Spectacles*),这被认为是探讨虚拟现实的第一部科幻作品,简短的故事中详细地描述了包括嗅觉、触觉和全息护目镜为基础的虚拟现实系统。电影摄影师莫顿·海利希(Morton Heilig)在 20 世纪 50 年代创造了一个"体验剧场",可以有效涵盖所有的感觉,吸引观众注意屏幕上的活动[2]。1962 年,他创建了一个名为 Sensorama 的原型机,并在其中展示了五部短片,同时涉及多种感官(视觉、听觉、嗅觉和触觉)。基于 Sensorama 模拟器,莫顿·海利希之后将其丰富成为 Sensorama 视频系统并成功申请专利,它能凭借立体声扬声器、三维显示器、振动椅等外部设备刺激用户感官。但并未被成功商业化,后续很多虚拟现实相关技术发明以此为基础进行拓展研究。1968 年,计算机图形学先驱伊凡·苏泽兰与学生鲍勃·斯普劳创造第一个虚拟现实及增强现实头戴式显示器系统。这种头戴式显示器相当原始,也相当沉重,不得不被悬挂在天花板上。该设备被称为达摩克利斯之剑(The Sword of Damocles),如图 1-1 所示。Sensorama 和"达摩克利斯之剑"共同之处在于它们都允许用户使用不同的感官来体验虚拟环境,不足之处是都无法支持用户与虚拟环境进行交互[3]。

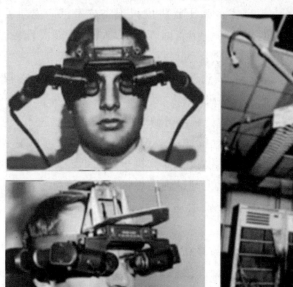
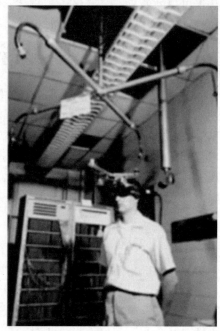

图 1-1 "达摩克利斯之剑"(来源于国信证券经济研究所)

2. 技术探索阶段

20 世纪七八十年代虚拟现实技术发展速度加快,光学技术和其他触觉设备同步发展,让用户在虚拟空间中移动和交互成为现实。整合互动艺术与虚拟现实体验,计算机艺术家迈伦·克鲁格(Myron Kruegere)于 1975 年开发的 VIDEOPLACE 是第一个交互式虚拟现实平台,他对 VIDEOPLACE 的想法是创造一个围绕用户的人造现实,并响应他们的动作,且不受使用护目镜或手套的影响。在实验室完成的工作为克鲁格在 1983 年所著的《人工现实》(Artificial Reality)一书奠定了基础。术语"人工现实"也从 20 世纪 70 年代使用至今。不同于头戴式显示器,VIDEOPLACE 使用投影仪、摄像机、专用硬件和用户的屏幕剪影将用户置于交互式环境中。身处不同房间的用户可以通过这项技术相互交流。1979 年,埃里克·豪利特(Eric Howlett)开发了大范围超视角(Large Expanse Extra Perspective,LEEP)光学系统。该系统创建了一个立体图像,其视野足够宽,可以营造出令人信服的空间感。该系统的用户对场景中的深度感(视野)和相应的真实感印象深刻。最初的 LEEP 系统于 1985 年为美国国家航空航天局(NASA)的艾姆斯研究中心重新设计,用于其第一个虚拟现实装置。LEEP 系统为大多数现代虚拟现实头戴式显示器提供了基础。1986 年,弗内斯研制出一种被称为超级驾驶舱的飞行模拟器。训练座舱创新之处在于拥有计算机生成 3D 地图、先进的红外及雷达图像,这使飞行员能够实时视听,头盔的跟踪系统和传感器允许飞行员使用手势、语音和眼睛动作来控制飞机。到 20 世纪 80 年代后期,"虚拟现实"一词由该领域的现代先驱之一杰伦·拉尼尔推广,他于

1985 年创立了 VPL Research 公司。VPL Research 开发了多种 VR 设备,如 DataGlove、EyePhone 和 AudioSphere。VPL 将 DataGlove 技术授权给美泰公司,美泰公司用它来制造 Power Glove,这是一款早期价格实惠的 VR 设备。从这时开始虚拟现实概念逐渐清晰化,并得到各界认可。

3. 突破发展阶段

虚拟现实技术取得突破性进展是在 20 世纪 90 年代到 21 世纪初期。乔纳森·瓦尔德恩(Jonathan Waldern)在伦敦亚历山德拉宫举行的计算机图形展览会展示了"虚拟性"(Virtuality),这个新系统是一种使用虚拟头戴式显示器的新街机,用户可在 3D 环境中获得沉浸式游戏体验。1991 年,世嘉(Sega)公司宣布开发完成 Sega VR,它使用液晶显示屏幕、立体声头戴式显示器和惯性传感器,让系统可以追踪并反映用户头部运动,但这款设备从未公开发行。尽管如此,世嘉公司仍为普及虚拟现实做出巨大贡献。同年,游戏 Virtuality 推出,并成为广受欢迎的多人虚拟现实网络娱乐系统。许多地区都出现过它的身影,如旧金山内河码头中心一个专门虚拟现实商场。每台 Virtuality 系统成本为 73000 美元,包含头盔和外骨骼手套,是第一个三维虚拟现实系统。1992 年,来自电子可视化实验室的卡罗琳娜·克鲁兹·内拉(Carolina Cruz-Neira)、丹尼尔·J. 桑丁(Daniel J. Sandin)和托马斯·A. 迪凡蒂(Thomas A. DeFanti)创建了第一个立方体沉浸式房间——洞穴自动虚拟环境(Cave Automatic Virtual Environment,CAVE)。作为卡罗琳娜·克鲁兹·内拉的博士论文,它涉及一个多投影环境,类似于全息甲板,在限制范围内它会随观众移动路径反馈正确透视和立体投影,并且可以让人们看到自己的身体与房间内其他人的关系。任天堂公司在 1995 年推出名为 Virtual Boy 的立体视频游戏机。该游戏机被称为第一款能够显示立体 3D 图形的游戏机,玩家可以像头戴式显示器一样使用游戏机,将头放在游戏机目镜上,可以看到红色单色显示屏显示的游戏画面,游戏使用视差原理产生立体 3D 效果。然而当时技术水平与设计者超前思维无法匹配,在 Virtual Boy 的整个发售期间,该游戏机总共发布了 22 款游戏,由于缺乏软件支持,这款游戏机仅上市 6 个月就因未达到销售预期而退出市场。1999 年,企业家菲利普·罗斯戴尔(Philip Rosedale)创建林登实验室(Linden Lab),实验室最初的重点是硬件,使计算机用户完全沉浸在 360°虚拟现实中。进入 21 世纪后,得益于图形处理、动作捕捉等其他相关技术突破,虚拟现实技术研究进入高速发展阶段[3]。2007 年,谷歌推出街景视图,显示越来越多的世界各地全景,如道路、建筑物和农村地区,并在 2010 年推出立体 3D 模式。虚拟现实在这个阶段迅速发展,理论和技术同步跨越幅度较大。

4. 产业应用阶段

2010 年至今,虚拟现实技术产业化走向新阶段。越来越多消费级虚拟现实产品逐渐进入大众视野,越来越多的普通大众也能接触到虚拟现实。2010 年,帕尔默·卢基(Palmer Luckey)设计了 Oculus Rift 的第一个原型。由于这个原型建立在另一个虚拟现实头戴式显示器的外壳上,因此它只能进行旋转跟踪。然而,它拥有 90°视野,这在当时的消费市场上是前所未有的。2014 年,Facebook 以 20 亿美元的价格收购了 Oculus VR,首席执行官马克·扎克伯格(Mark Zuckerberg)认为 Oculus 会成为未来交流的平台,预测虚拟现实技术将改变个人网络体验。此次收购事件标志着互联网公司开始涉入虚拟现实领域,虚拟现实技术作为经济驱动因素引起全球关注。2015年,HTC和Valve宣布推出虚拟现实头戴式显示器HTC Vive和控制器。HTC Vive所用的是Lighthouse的跟踪技术,该技术利用壁挂式"基站"的红外光进行位置跟踪。此后到2016年,HTC开始对外销售HTC Vive,索尼公司推出PlayStation VR。虚拟现实头戴式显示器设备领域最具竞争力的领先产品已全部出现,行业发展竞争势头突显。2016年也被视为虚拟现实技术发展的关键一年。2019年,3Glasses推出第一款基于Pancake的消费级VR眼镜X1,同年华为也正式推出基于Pancake光学的消费级产品华为VR Glass。2021年,HTC VIVE Flow上线,arpara 5K系列开启众筹,创维发布分体式VR S6 Pro等。得益于元宇宙概念的火爆、消费需求的增长,2023年6月,在美国加州库比蒂诺举行的苹果全球开发者大会(WWDC)上,苹果公司发布了首款混合现实(MR)头戴式显示器设备——Apple Vision Pro。这款设备的发布标志着苹果正式进入虚拟现实(VR)和增强现实(AR)领域,所提出的眼动追踪和手势交互相结合的解决方案确实给行业带来了创新的交互方式,得到了Oculus创始人帕尔默的大加赞许。随着VR技术的不断发展,虚拟现实行业逐渐走向成熟,VR产业市场规模逐年攀升。随着技术的成熟,虚拟现实产业应用在生活的各个领域,为各行业赋能,应用场景需求不断增长,全球虚拟(增强)现实产业市场规模逐年攀升,从2017年的667.5亿元增长至2021年的2712.8亿元,增长幅度为306.4%,复合增长率为42%,2021年同比增长32.33%。截至2022年,虚拟现实市场规模达到3589.9亿元。

另外,2022年VR产品发布最多的是Steam平台,截至2023年4月底,Steam平台内容总数共7358款,其中VR独占6080款。4月的Steam平台活跃用户占比1.93%,环比上升0.55%,其中PICO总占比1.97%,同比上涨0.01%,PICO份额自2023年开年以来持续上涨,其市场正逐步扩大。Steam平台起步早,众多开发者及超300万的VR玩家成为目前VR平台的主流用户。根据Grand View Research的数据,预计到2027年,全球VR市场将增长到621亿美元。虚拟现实技术的普及率一直在稳步上升,并正在作为一项新技术而大力发展。根据Wellsenn XR数据,2021年全球VR出货量达到1029万台,同比增长72.4%。2023年受Quest 2涨价和全球经济增速放缓压制民众消费意愿影响,全球VR出货量为144万台。Wellsenn XR预计2025年全球VR出货量有望达到3500万台(2021—2025年复合年均增长率为42.38%)。其中,国内的VR销售量受PICO运营策略和销售费用预算调整的影响,占比下滑幅度较大,2023年第二季度国内出货量占全球的8.3%。全球VR季度出货量如图1-2所示。

1.2.2　虚拟现实技术在各国的发展现状

早在20世纪80年代就有许多学者对虚拟现实技术进行了研究,但是当时虚拟现实大多存在于实验室中,而在商业环境中并未受到太多关注,普通人对虚拟现实也并不了解。在被称作VR元年的2016年,微软公司推出了Hololens和Windows MR,索尼公司推出了PSVR,HTC和Valve推出了HTC Vive,使虚拟现实技术重新回到大众视野内。在2021年,元宇宙成为火爆的概念,而虚拟现实与之息息相关,被不少人认为是元宇宙的"入场券"技术,其发展前景不容忽视。虚拟现实行业各种新的制作方式和思路的出现,很大程度上契合了大型游戏服务团队的特点,满足了用户对服务内容的需求。就实际开发

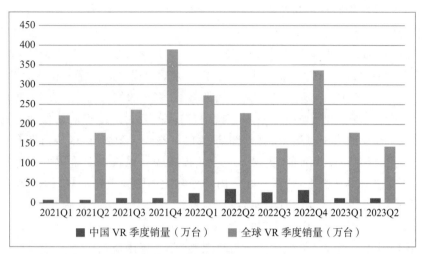

图 1-2　全球 VR 季度出货量（来源于 Wellsenn XR，国信证券经济研究所整理）

而言，在虚拟现实行业具有良好前景的游戏开发团队，无疑是一支拥有高质量资源和广泛受众的庞大游戏开发团队。随着社会生产力和科学技术的不断发展，各行各业对 VR 技术的需求日益旺盛。VR 技术也取得了巨大进步，并逐步成为一个高投资、高复杂度的高科技领域。

1. 虚拟现实在美国的发展现状

美国是最早研究虚拟现实技术的国家，也是虚拟现实的发源地，美国的虚拟现实研究机构是全世界最多的。其中最著名的是 NASA 的艾姆斯研究中心，早在 1981 年，艾姆斯研究中心就已经针对虚拟视觉环境映射系统项目的应用进行了深入的研究，研发出了虚拟交互环境工作站（Virtual Interactive Environment Workstation），这是一种头戴式立体显示系统，其中的显示可以是人工计算机生成的环境，也可以是从远程摄像机捕捉的真实环境[4]。操作员可以"进入"这个环境并与之交互。艾姆斯研究中心目前正在运行一个名为"探索虚拟星球"的测试项目，该项目允许设备利用虚拟环境来探索遥远的太阳系和地球。现在，美国将虚拟现实技术应用于军事领域中，VR 可以将受训者置于不同地点、情况或环境，用于教授知识、培养技能并提供宝贵的经验，学员可以使用 VR 体验跳伞，即体验从飞机上跳下的感觉，且无须支付相关的现实世界飞行成本。除此之外，VR 也可以帮助治疗创伤后应激障碍（PTSD），或为新兵提供"新兵训练营"体验，帮助他们快速适应军事生活，减少焦虑。直至"虚拟现实之父"杰伦·拉尼尔（Jaron Lanier）率先将 VR 设备推向民用市场，逐渐成熟的虚拟现实技术才被进一步应用在电影娱乐行业中。美国眼镜电商平台 Warby Parker 已经开发了线上的虚拟试戴技术，凭借创新性地应用 AI 和 VR 技术，改变了传统零售业的运作方式，成为美国近年来最抢眼的独角兽公司之一。

自从 2022 年 11 月底推出 ChatGPT 后，人工智能和自然语言处理技术也为虚拟现实与增强现实带来了新的创新应用。通过将 ChatGPT 集成到虚拟现实和增强现实应用中，开发者可以为用户提供更加沉浸式和交互式的体验。此外，自然语言界面可以增强用户友好性。

2. 虚拟现实在英国的发展现状

在虚拟现实技术的研究和开发上，英国在分布式并行处理、配件开发、触感反馈及其应用等方面一直都处于世界领先水平。英国拉夫堡大学(Loughborough University)的高级 VR 研究中心(AVRRC)是第一个，也是英国大学中成立时间最长的 VR 中心，在研究先进系统、建模、模拟和交互式可视化方面拥有 20 多年的悠久历史。此外，英国还拥有多家正在使用虚拟现实和增强现实技术、内容和产品的公司。位于西伦敦地区的商业娱乐综合体 Outernet 致力于打造全欧洲规模最大的沉浸式活动场所，区域内拥有目前全球最大的 8K 高分辨率环绕式屏幕，实现 360°全角度覆盖。建筑表面采用可折叠式推窗设计，并采用了最新的 XR 技术，使观众在户内户外都能体验到惊艳的裸眼 3D 动画效果和沉浸式 LED 显示效果。该综合体自运营以来，已经成功举办了联合国儿童基金会"蓝月亮"活动、Fortnite Creative 视频游戏发布会、mother2mother 20 周年庆典等大型活动，吸引了包括联合国儿童基金会大使大卫·贝克汉姆、著名英国演员莉莉·詹姆斯等知名人士出席。

截至 2022 年，大约有 866 家沉浸式科技公司活跃在伦敦，总产值达到 7.57 亿英镑，占全英产业总量的一半以上，过去五年伦敦的沉浸式科技公司增长率达到惊人的 93%。2022 年 11 月，伦敦发展促进署(London & Partners)联合 Dealroom 发布的《全球沉浸式科技产业报告》显示，除美国和中国是当今全球科技创新的重镇外，沉浸式科技产业在欧洲发展势头也不容小觑，过去十年间，沉浸式科技产业总值从 2012 年的 40 亿美金飞速增长至如今的 711 亿美金，预示着未来一段时间沉浸式科技产业依然保持着持续的发展势头。另外，来自英国的沉浸式科技权威组织 Immerse UK、咨询机构牛津洞察(Oxford Insights)及 Data City 共同发布的《2022 年英国沉浸式经济报告》指出，全英范围大约有 2106 家 VR 和 AR 沉浸式科技公司，其科技产业总值约 14 亿英镑，无论是从产业内的各细分领域的整体发展趋势来看，还是从总投资趋势来看，预估未来的整个沉浸式体验产业都将继续以一种积极健康的态势增长。英国布里斯托尔公司设计和开发的 DVS 软件系统被认为比某些标准化操作系统环境更为优越。

3. 虚拟现实在日本的发展现状

除了美国，日本也在普及和推广虚拟现实技术方面发挥着重要作用，在技术领域被认为是领先国家之一。日本的 VR 科学家不仅在虚拟现实知识领域做出了重要贡献，还在数字虚拟游戏方面取得了显著进展，这部分受日本动漫和游戏产业高度发达的影响。位于日本京都的 VR/AR 技术供应商 CharacterBank 开发的 VR 游戏 *RUINSMAGUS* 已于 2022 年 7 月在 Quest 2 和 Steam 平台发售，这是一款日式风格浓郁的动作角色扮演游戏。日本 Cluster 公司运营着一个同名的元宇宙平台，已成功打造了"虚拟涩谷""宝可梦虚拟庆典"等活动。同年 7 月，Cluster 的下载量已突破百万，用户可通过智能手机、PC 和 VR 设备访问。

2022 年 9 月，以"达到完美 VR 体验"为愿景的 Diver-X 公司公布了一款带有触觉反馈功能的手套式 VR 控制器 Contact Glove，可兼容 SteamVR。该产品在手指处配备了形状记忆合金制成的压力触觉反馈模块，让用户在 VR 世界中体验触摸事物的感觉。通过使用 SDK，还可以体验手上持有魔法或火焰的感觉，在游戏领域有巨大的前景和吸引力。

另外,近几年日本对虚拟现实技术的开发也在其他相关领域的科学研究中起到重要作用,VR 技术在日本应用的行业越来越广泛,包括医药、旅游、零售和制造业。STYLY 系统由日本 Psychic VR 实验室开发,是一个 VR 购物平台,可在百货商店中提供前所未有的购物体验。用户可以在虚拟空间中体验各种时尚品牌。除了让购物者体验商品外,STYLY 系统还可以让购物者体验在 2037 年的东京、在外太空等虚拟场景中购物。2021 年日本 VR 医疗器械厂商 MediVR 宣布获得 5 家公司投资的 5 亿日元资金,将用于加强销售业务,并在 2022 年内推出自助医疗型康复设施,以帮助医疗用户按需付费理疗。2022 年 1 月,日本松下公司陆续发布三款 VR 商品:Pancake 光学 PC VR 眼镜"MeganeX"、穿戴式冷热体感装置"Pebble Feel"及蓝牙麦克风"mutalk",并宣布正式进军在线虚拟现实空间"元宇宙"领域。同年其子公司 Shiftall 为其超薄 Pancake 光学 PC VR 眼镜 MeganeX 带来了一次升级,增加了对 SteamVR 和 Index 控制手柄的支持。

4. 我国虚拟现实的发展现状

在虚拟现实技术的不断发展中,我国也开始对该技术加以关注。在政策环境上,国家层面一直对 VR 行业是给予支持的态度。2022 年,由工业和信息化部、教育部、文化和旅游部、国家广播电视总局及国家体育总局联合发布的《虚拟现实与行业应用融合发展行动计划(2022—2026 年)》中明确提出,要落实虚拟现实等新技术的研发和前沿布局。我国政府致力于完成推进关键技术融合创新这一重点任务。争取到 2026 年,虚拟现实技术将实现重要的技术突破,推动虚实融合沉浸影音的发展,不断丰富新一代适人化虚拟现实终端产品,进一步完善产业生态系统。虚拟现实技术将广泛应用于经济社会的重要行业领域,培育出一批国际竞争力强的骨干企业和产业集群,形成技术、产品、服务和应用共同繁荣的产业格局。《中华人民共和国国民经济和社会发展第十四个五年规划和 2035 年远景目标纲要》中,"虚拟现实和增强现实"被列入数字经济重点产业。"十四五"规划提出以数字化转型整体驱动生产方式、生活方式和治理方式变革,催生新产业、新业态和新模式,壮大经济发展新引擎。可以预见,随着虚拟现实和增强现实被列为数字经济重点产业并进入国家规划布局,未来五年 VR/AR 技术在教育、影视、游戏、军工、政务、金融和医疗等领域将大有可为。

与国外一些先进国家相比,我国虚拟现实技术虽然仍然处于发展的初级阶段,但通过进行不断研究和国家政策的大力支持,也取得了一定的成果。为此,国内多家科研院所和高校积极研究和推广该技术,现阶段已经取得一定的效果。随着 VR 技术的不断发展,行业逐渐走向成熟,VR 技术内容行业市场规模逐年攀升。据统计,VR 内容市场规模从 2019 年的 79.7 亿元,增长至 2022 年的 269 亿元,增长幅度为 237.5%,增长幅度巨大。根据 IDC 最新报告,2023 上半年中国消费级 XR 设备(包括 AR 和 VR)的全渠道销量为 38.2 万台,同比下降 38.6%。其中,线上公开零售市场(不含抖音、快手等内容电商)的销量为 13.8 万台,占全渠道的 36%,同比下降 40.2%;销售额为 4.3 亿元,同比下降 36.5%。预计在 2024 年消费级 pancake+Micro OLED 新品发布前,VR 市场的新品空窗期导致国内市场出货量将不会出现高速增长。

此外,元宇宙的兴起点燃了我国虚拟现实行业新一轮的热情,对我国虚拟现实行业的上下游硬件、软件生态圈都起到了推动的作用,我国各大科技公司开始入局。2019 年字节跳动公司斥资 1 亿元投资了元宇宙概念公司代码乾坤,又以 50 亿元人民币收购 PICO 正式入局虚拟现实,这是目前我国虚拟现实行业最大的一笔收购。2022 年字节跳动推出了第一款 VR 头戴式显示器新品 PICO 4,这也是 PICO 首次面向全球发布的消费级头戴式显示器新品。该产品在国内的市场占有率持续提升,2022 年上半年总体出货量约 34.9 万台,占国内 VR 市场出货量的 62.5%。同年 6 月,爱奇艺推出了旗下全新 VR 一体机——奇遇 Dream Pro。对于新一代 Dream Pro VR 一体机来说,不仅整体的机身采用了符合人体工程学的外观设计,还搭配了 4K 高清屏幕,最高支持 90Hz 刷新率,让用户在观影时身临其境,沉浸感丝毫不比大型影院差。2023 年 4 月,字节跳动发布最新产品 PICO 4 Pro,相比 PICO 4 拥有更大的内存、存储及电池容量,智能瞳距调节更方便,更重要的是新增了眼动追踪和面部追踪。2022 年上半年 PICO Neo 3 VR 一体机实现国内出货量第一,全球出货量第二,销量已初具规模。随着 PICO 4 Pro 的推出,它将成为 Meta 2023 年海外消费级市场强有力的竞争对手。

1.2.3　虚拟现实技术的研究现状

2016 年被视为"VR 元年",随着大量头戴式设备的推出,VR 技术成为热门话题。由于缺乏行业标准和监督机制,虚拟现实技术的滥用问题愈发突显。市场上出现了各种质量参差不齐的产品,尤其是价格低廉的 VR 设备。事实上,绝大多数消费者购买的都是价格不足百元的 VR 盒子,它们的内容有限,用户体验也较差。这种劣质山寨头盔无疑在消费领域对未来 VR 技术产生负面影响。一些劣质的 VR 内容没有得到有效监管,特别是在 VR 教育领域,这一问题将给低龄用户带来影响。类似的虚拟现实产业乱象不仅对我国 VR 技术和产业发展构成威胁,还可能引发一系列社会问题。以下列举 VR 技术有待完善的几个方面。

1. 硬件设备

虚拟现实头戴式显示器(VR Headsets)是 VR 技术的核心设备。过去几年里,许多公司推出了各种类型的 VR 头戴式显示器,如 Oculus Rift、HTC Vive、PlayStation VR 和 Valve Index 等。这些设备在显示质量、跟踪技术、舒适性和用户体验方面需要不断进行改进。

2. 跟踪技术

为了提供更真实的虚拟体验,研究人员一直在改进 VR 的跟踪技术。传感器和摄像头不断创新,例如光学追踪、内置传感器、全身运动捕捉[5]等,使得用户在虚拟环境中能够更准确地捕捉动作和手势。

3. 内容与应用

VR 内容的丰富性对于推动技术发展至关重要。游戏和娱乐是 VR 最早应用的领域,如今 VR 技术也被广泛应用于培训、教育、医疗、虚拟旅游、建筑设计和仿真训练等多个行业。研究人员和开发者在不断努力创建更加复杂、逼真的虚拟场景和应用。

4. 社交互动

虚拟社交是 VR 技术的一个重要方向。虚拟社交平台允许用户在虚拟环境中与其他用户进行实时交流和互动。一些虚拟社交平台已经出现,但是社交互动的技术挑战还有很多,如解决人物表情、肢体语言和社交规范等方面的问题。

5. 网络云 VR

为了降低硬件要求和提供更广泛的用户体验,网络云 VR 逐渐成为研究的焦点。这意味着用户可以通过云端服务器处理图形计算,而无须拥有高性能的个人计算机或显卡。

6. VR 与其他技术的融合

VR 技术也在与其他技术相融合,如增强现实(Augmented Reality,AR)、人工智能和机器学习等。这种融合使得 VR 应用更加智能化,交互性更强,同时更好地满足用户的需求。

由于技术的不断发展,上述研究现状可能在读者实际购买本书或阅读时已经有所更新。虚拟现实技术仍然处于积极发展的阶段,未来有望在更多领域取得突破。

1.3　虚拟现实技术的特征与虚拟现实系统

1.3.1　虚拟现实技术的特征

虚拟现实技术主要包括沉浸性、交互性、构想性和多感知性等优异特征。

1. 沉浸性

沉浸性(Immersion)是虚拟现实技术的重要特征,其目标是用户仿佛置身于虚拟环境之中,与计算机系统所创建的虚拟环境融为一体。虚拟现实技术的沉浸性主要依赖于用户的感知系统,包括触觉、味觉、嗅觉和运动感知等。当用户感知到虚拟世界的刺激时,他们会产生思维共鸣,进而在心理上感到沉浸,仿佛置身于真实世界中。理想的虚拟世界能够达到让用户难以分辨虚拟和现实的程度,甚至超越真实,创造出比现实更逼真的体验效果。这种沉浸性是虚拟现实技术吸引人们的重要原因之一,因为它能够提供独特的、引人入胜的体验。

2. 交互性

交互性(Interactivity)是指用户在虚拟环境中与物体进行互动的程度,以及用户从虚拟环境中得到反馈的自然程度。实现交互性通常需要特殊的硬件设备,例如数据手套、操作手柄、力反馈装置等。这些设备允许用户进入虚拟空间,并与其中的物体进行互动。当用户进行某种操作时,虚拟环境会做出相应的反应。例如,如果用户在虚拟空间中触摸物体,他们应该能够感受到触摸的反馈;如果用户对物体施加力或进行移动,物体的位置和状态也应该相应改变。

3. 构想性

构想性(Conceivability)有时也称为创造性或想象性,指的是虚拟环境是由用户自己构想出来的。在这种情况下,使用者可以在虚拟空间中与周围的物体进行互动,将他们的想象力和创造力转化为虚拟世界中的实际体验。同时这种想象体现出设计者相应的思想,可以拓宽认知范围,根据自己的感觉与认知能力吸收知识,创造客观世界不存在的场景或不可能发生的环境。这种能力使用户能够自由地塑造和定制虚拟环境,将其个性化需求和创意融入虚拟现实体验中。虚拟现实技术的构想性在虚拟创意、虚拟艺术和虚拟设计等领域发挥重要作用,为用户提供更加自由和富有创意的虚拟体验。

4. 多感知性

多感知性(Multisensibility)指的是当用户置身于虚拟现实环境中时,不仅能够通过视觉感知三维空间,还可以通过其他感官方式来感知虚拟环境,包括听觉、触觉和嗅觉等。这意味着虚拟现实技术既可以提供视觉上的沉浸感,又可以通过模拟其他感官来增强用户的体验。虚拟现实技术的理想化目标是提供全面的多感知体验,使用户能够与虚拟环境进行互动,就像在现实世界中一样。然而,目前受到技术和传感器的限制,虚拟现实技术的感知功能仍然有限。大多数虚拟现实技术主要集中在视觉、听觉和触觉上。虽然已经实现了一定程度的触觉反馈,但仍然存在局限性。例如,触觉反馈通常是通过振动或力反馈装置来实现的,虽然可以模拟一些触感,但不能完全模拟所有的触觉体验。嗅觉和味觉的模拟也是一项复杂的挑战,目前在虚拟现实中的应用相对较少。

1.3.2 虚拟现实系统

虚拟现实技术是整合了计算机、三维图形动画、多媒体、仿真、传感、显示和网络等多个领域的综合性技术。虚拟现实系统具备让用户沉浸且可与用户进行交互的功能。一般的虚拟现实系统由特定的硬件和软件组成,其中包括头戴式显示器、追踪系统、交互设备、计算机和图形处理单元、虚拟现实内容和应用程序及音频设备等多个组件。这些组件共同工作,为用户带来身临其境的虚拟体验。

典型的虚拟现实系统通常包括计算机、输入/输出设备、应用软件系统和数据库等组件,如图 1-3 所示。

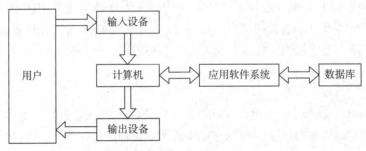

图 1-3 虚拟现实系统框架图

1. 计算机

在虚拟现实系统中,计算机承担了生成虚拟世界、实时渲染和人机交互等任务。由于虚拟世界的复杂性,尤其是在需要模拟航空航天世界、展示大型建筑物、渲染复杂场景等应用中,所需的计算量非常庞大,因此对于虚拟现实系统中计算机的配置和性能提出了极高的要求。

为了实现高质量的虚拟现实体验,计算机必须具备足够的计算能力来实时生成和渲染虚拟环境,确保画面流畅和逼真。这通常需要强大的中央处理单元(Central Processing Unit,CPU)、图形处理单元(Graphics Processing Unit,GPU)、内存和存储设备。此外,为了实现人机交互,还需要考虑输入设备(如头戴式显示器、手柄、触摸屏等)和输出设备(如高分辨率的显示屏或头戴式显示器),以及合适的软件来处理虚拟环境的建模、渲染和用户交互。因此,虚拟现实系统中的计算机配置至关重要,它直接影响了虚拟现实体验的质量和性能。为了满足不同应用需求,虚拟现实系统中的计算机通常采用高性能硬件配置,并经过专门优化以确保平稳运行和高度沉浸感。

2. 输入/输出设备

在虚拟现实系统中,计算机通过输入/输出设备来识别用户的各种形式的输出,并生成实时的反馈信息,从而实现人与虚拟世界的自然交互。输入设备帮助用户定位并与 VR 环境交互,包括运动追踪器、操纵杆、触控板、感应手套、设备控制按钮、触觉反馈系统、跑步机甚至全身套装。这些设备收集有关用户从转头到挥手,再到用户眼睛的最轻微运动和位置的数据。收集的所有信息都成为计算机系统的输入数据。输出设备向用户呈现虚拟环境并进行反馈。虚拟现实系统的输出设备分为 VR 视觉输出设备、VR 听觉输出设备、VR 前庭系统输出设备和 VR 体感输出设备等。常见的输出设备有眼镜、头戴式显示器等。当前虚拟现实的输入/输出设备大多为有线设备,大量的线缆会限制用户的移动自由,降低沉浸性,并在虚拟环境中造成一定的不便。未来虚拟现实技术的发展方向之一是解决多用户虚拟现实环境和无线连接问题。

近几年,随着虚拟现实技术的不断进步,设备成本快速降低,虚拟现实硬件设备市场发展迅速。如图 1-4 所示,HTC Vive 和 Oculus Rift 均为头戴式显示器,配套使用操作手柄[3]。国内外众多 VR 用户基于客观和主观度量准则对 HTC Vive 和 Oculus Rift 进行比较,在测试选择和位置任务中发现 HTC Vive 的性能略好于 Oculus Rift。VR 用户也通常会对 VR 头盔的头部跟踪范围及在房间大小环境中的工作区域和准确性进行评估,根据不同需要选配不同的头戴式显示设备。

图 1-4　HTC Vive 和 Oculus Rift[6]

3. 应用软件系统及数据库

虚拟现实应用软件系统的功能包括:创建虚拟世界中物体的几何、物理和行为模型;生成三维虚拟立体声;管理模型和实现实时显示。虚拟世界数据库用于存储虚拟世界中所有物体的各种信息。

三维建模软件、虚拟现实开放平台和引擎是最重要的虚拟现实系统应用软件。三维建模软件的功能是在二维绘图软件基础上进行三维建模,3ds Max、AutoCAD、Softimage 3D 和 Maya 等是常用的三维建模软件。虚拟现实开放平台(VR Open Platform)中有可获取的虚拟现实软件开发工具包(Virtual Reality Software Development Kit, VR SDK)[3],Valve 和 Oculus 都为开发者提供了不断更新的 SDK,开发人员通过 SDK 为所有流行的 VR 头戴式显示器开发应用。引擎通常指的是已编写好的可编辑系统或交互式实时图像应用程序的核心组件,为开发者提供了各种工具,用于编写虚拟现实应用程序。Unity3D、Unreal Engine 是当前最常用的引擎。本质上,引擎是一种通用的开发平台,将各类资源整合起来,提供便捷的 SDK 接口,以便开发者在这个基础上开发应用的模块。WebVR 是一种 JavaScript 应用程序接口(Application Program Interface,API),使应用程序能够在网络浏览器中与虚拟现实设备进行交互。虚拟现实系统还包括虚拟声音编辑器、虚拟现实培训模拟器和虚拟现实内容管理等软件,这些附加的软件工具和组件丰富了虚拟现实系统的功能,使其更适合各种应用。通过整合这些组件,虚拟现实系统能够提供更全面、沉浸式和有趣的虚拟体验。

1)桌面式虚拟现实系统

桌面式虚拟现实系统是一种基于普通 PC 的小型桌面虚拟现实系统。该系统使用中低端图形工作站和立体显示器创建虚拟场景,参与者可以通过位置跟踪器、数据手套、力反馈器、三维鼠标或其他手控输入设备与虚拟环境互动,实现虚拟现实效果的技术特征。用户可以坐在显示器前,通过计算机屏幕观察 360°范围内的虚拟世界,如图 1-5 所示。

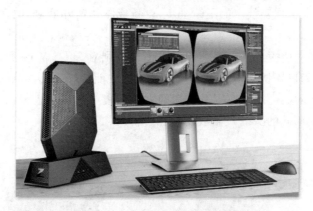

图 1-5　桌面式虚拟现实系统实例

在此系统中,计算机屏幕是用户观察虚拟世界的窗口,用户可以在虚拟环境中进行各种互动和设计。系统的核心硬件通常包括立体眼镜和一系列交互设备。立体眼镜用于提供立体视觉以增强用户的沉浸感;交互设备用于用户与虚拟环境进行互动。为了提高桌面式虚拟现实系统的沉浸感,有时还会使用专业的单通道立体投影显示系统,以扩大屏幕范围,支持团体观看。尽管桌面式虚拟现实系统缺乏完全沉浸式的效果,但其应用仍然比较普遍。桌面式虚拟现实系统具有以下主要特点。

(1)对硬件要求低。通常只需要一台普通计算机或者一些交互设备,如数据手套、空间位置跟踪定位设备等。

(2)应用广泛。由于成本相对较低,桌面式虚拟现实系统的应用范围相对广泛,主要在教育、培训、游戏等领域有着一定的应用。

(3)缺少完全沉浸感。不具备完全沉浸的效果,尽管戴上立体眼镜后,用户也能感受到一定程度的虚拟体验,但仍会受到周围现实世界的干扰。

(4)研究和开发门槛低。桌面式虚拟现实系统常常被视为从事虚拟现实研究和开发的起点,因为它具有较低的成本门槛,可以用来探索虚拟现实的基本技术要求。

桌面式虚拟现实系统的最大优势就是它相对其他虚拟现实系统具有低廉的成本。沉浸式和增强式虚拟现实系统需要有头盔、数据手套等高昂的设备,而桌面式虚拟现实系统只需要一台个人计算机、显示器和鼠标就能获得一定的沉浸式体验[7]。因此桌面式虚拟现实系统被广泛应用于教育领域,桌面式虚拟现实课件能使学习者产生一定程度的投入感,结合鼠标、键盘等外设还可以实现驾驭虚拟境界的体验,能够冲破时空的限制,弥补学生直接经验的不足,同时为进一步抽象化发展奠定基础。运用虚拟现实技术制作的教学课件还可以模拟适合教学的特定环境,并允许学生与计算生成的各种仿真物体交互,可将抽象的概念、原理直观化和立体化,方便学生理解抽象知识,因此受到教师和学生们的欢迎。此外,桌面式虚拟现实课件的接触性、受控性和人机交互等都有着很多传统媒体无法企及的优势。

2) 沉浸式虚拟现实系统

沉浸式虚拟现实系统(Immersive VR System)采用头戴式显示器,以数据手套和头部跟踪器为交互装置,把参与者或用户的视觉、听觉和其他感觉封闭起来,使参与者暂时与真实环境相隔离,使用户真正成为 VR 系统内部的一个参与者,利用这些交互设备操作虚拟环境,产生一种身临其境、全心投入并沉浸其中的感觉[8]。沉浸式虚拟现实系统能让人有身临其境的真实感觉,因此常常用于各种培训演示及高级游戏等领域,如图 1-6 所示。

图 1-6　沉浸式虚拟现实系统实例

常见的沉浸式虚拟现实系统包括以下几种类型。

(1) 基于头戴式显示器的虚拟现实系统。这种系统使用头戴式显示器,通常包括眼罩式设备,例如 Oculus Rift 或 HTC Vive。用户戴上这种设备后,可以完全沉浸在虚拟环境中,头戴式显示器会跟踪用户的头部运动,以呈现与用户头部运动相匹配的视角,从而实现沉浸式体验。

(2) 投影式虚拟现实系统。这种系统通常使用投影仪或多个屏幕来创造虚拟环境。

用户站在投影区域或者坐在多个屏幕周围,以实现完全的沉浸感。这种系统通过投影技术将虚拟环境映射到用户周围的物理空间,使用户感觉自己置身于虚拟世界中。

(3)远程系统。这种系统是一种远程控制形式,通常与机器人、无人机等技术相结合。用户可以通过远程操控设备(如遥控器或者 VR 头戴式显示器)来控制机器人或无人机在远程位置执行任务。这种系统可以用于各种应用,包括远程操作、勘察、教育等领域。

这些不同类型的沉浸式虚拟现实系统各有其特点和应用领域,但它们都旨在提供更加沉浸式的虚拟体验,使用户能够在虚拟环境中进行互动和探索。

沉浸式虚拟现实系统使用户完全融入并感知虚拟环境,获得存在感。一般有两种途径实现系统功能:洞穴自动虚拟环境(Cave Automatic Virtual Environments,CAVE)[3]和头戴式显示器,同时配备运动传感器以协助进行自然交互。CAVE 是一个虚拟现实空间,本质上是一个立方体形状的空房间,其中每个表面——墙壁、地板和天花板都可以用作投影屏幕,以创造一个高度身临其境的虚拟环境。头戴式显示器通常采用眼罩或头盔的形式,将显示屏贴近用户的眼睛,并通过光学调整来实现近距离投射画面。这种设计使得头戴式显示器能够以较小的体积提供广阔的视角,通常超过 90°。VR 头戴式显示器使用一种头部跟踪的技术,当用户转头时,VR 头戴式显示器会改变用户的视野,能为用户提供身临其境的体验。

沉浸式虚拟现实系统的特点如下:

- 高度的实时性;
- 高度的沉浸感;
- 强大的软硬件支持功能;
- 并行处理能力;
- 良好的系统整合性。

在过去的几十年中,沉浸式技术取得了巨大的发展,并且还在继续进步。沉浸式虚拟现实系统甚至被描述为 21 世纪的学习辅助工具。头戴式显示器(Head Mounted Displays,HMD)可以让用户获得完全身临其境的体验。到 2022 年,头戴式显示器市场的销售额超过 250 亿美元。当 Facebook 的创始人马克·扎克伯格在 2014 年以 20 亿美元收购 Oculus 时,沉浸式 VR 技术受到了极大的关注。2018 年,Oculus Quest 发布,它是一款无线头戴式显示器,允许用户更自由地移动。其价格约为 400 美元,与上一代有线头戴式显示器价格大致相同。索尼、三星、HTC 等大公司也在对沉浸式 VR 进行巨额投资。

3)增强式虚拟现实系统

增强式虚拟现实系统,简称增强现实(Augmented Reality,AR)系统,它是一种将真实世界信息和虚拟世界信息无缝集成在一起的新技术,这两种信息相互补充和叠加。可视化增强现实(AR)技术允许用户通过头戴式显示器将真实世界与计算机生成的图形叠加在一起,从而在视觉上同时感知真实环境和虚拟元素。AR 技术通过将虚拟信息与真实环境相结合,构建了一种融合的体验,通过这种方式,AR 在虚拟现实与真实世界之间架起了一座桥梁。

增强现实的工作流程是首先通过摄像头和传感器对真实场景进行数据采集,并传入处理器对其进行分析和重构,再通过 AR 头戴式显示器或智能移动设备上的摄像头、陀螺仪、传感器等配件实时更新用户在现实环境中的空间位置变化数据,从而得出虚拟场景和真实场景的相对位置,实现坐标系的对齐并进行虚拟场景与现实场景的融合计算,最后将其合成影像呈现给用户[9]。用户可通过 AR 头戴式显示器或智能移动设备上的交互配件(如话筒、眼动追踪器、红外感应器、摄像头和传感器等)采集控制信号,并进行相应的人机交互及信息更新,实现增强现实的交互操作,如图 1-7 所示。

图 1-7　增强式虚拟现实系统实例

增强式虚拟现实系统具有以下三个主要特点。

(1) 真实世界和虚拟世界融为一体。增强现实技术通过融合真实世界信息和虚拟世界信息,实现了这两者的无缝集成。用户可以在真实环境中看到虚拟元素,这种融合增强了用户的感知和体验。

(2) 减少复杂性。通过利用部分真实环境,增强现实系统可以减少构建复杂虚拟场景的成本和工作量。这意味着用户可以在现实世界中看到虚拟对象,而无须为了看到完全虚拟的场景付出巨大的成本。

(3) 具有交互性。增强现实系统通常具有互动功能,允许用户与虚拟元素进行实时互动。用户可以对虚拟物体进行操作、移动或与之互动,这增加了用户的参与感和沉浸感。

增强式虚拟现实系统的目的是将虚拟信息融合到用户周围的真实环境中,以增强用户对现实世界的感知和交互体验。这种技术的应用前景广泛,比如医疗领域,医生可以在虚拟手术中使用透明的头戴式显示器,同时观察手术现场和查看相关资料。此外,增强现实技术在教育、娱乐、艺术和科学等领域也具有巨大的潜力,其全面影响正在逐渐显现。增强式虚拟现实系统可以为用户提供更丰富、更交互式的体验,丰富了日常生活和专业工作的可能性。

4) 分布式虚拟现实系统

分布式虚拟现实(Distributed Virtual Reality,DVR)系统是一种虚拟现实技术,它允许多个用户在不同的地理位置上共享同一虚拟环境或场景，并在其中进行协同互动。这种系统通过网络连接远程的用户，无论他们身处何地，都能够共同参与虚拟世界中的活动。分布式 VR 背后的想法非常简单：模拟出的虚拟世界不是在一个计算机系统上运行，而是在多个计算机系统上运行。这些计算机通过网络(可能是全球互联网)连接，使用这些计算机的人能够实时交互，共享同一个虚拟世界，达到协同工作的目的。

分布式虚拟现实的研究开发工作可追溯到 20 世纪 80 年代初。在分布式虚拟现实系统中需要虚拟环境准确有效地远程呈现动画实体，很明显，要实现这一目标需要很高的网络带宽，而这在当时成为分布式虚拟现实系统发展的瓶颈。进入 21 世纪后，网络带宽的问题得以解决，分布式虚拟现实系统应用研究成为主流。分布式虚拟现实系统可构建 3D 协作环境，供分布式用户相互交互，并完成各种协作任务。分布式虚拟现实系统在远程教育、科学计算可视化、工程技术、建筑、电子商务、交互式娱乐和艺术等领域都有着极其广泛的应用前景。利用它可以创建多媒体通信，设计协作系统、网络游戏和虚拟社区全新的应用系统。

将分布式技术与虚拟现实技术结合，一方面是充分利用分布式计算机系统提供的强大计算能力；另一方面是有些应用本身具有分布特性，如军队使用分布式虚拟现实进行士兵训练和模拟任务，士兵可以在虚拟环境中模拟实际战场，学习战术和团队合作等。

分布式虚拟现实系统的特点如下：

- 多地理位置互动性；
- 伪实体的行为真实感；
- 实时互动，共享虚拟体验；
- 多用户支持，协同工作；
- 多设备兼容及多感知体验。

分布式虚拟现实系统目前主要被应用于远程团队协作及会议、教育和培训、医疗和远程医疗、建筑和设计、多人游戏或虚拟战争模拟(见图 1-8)等领域。

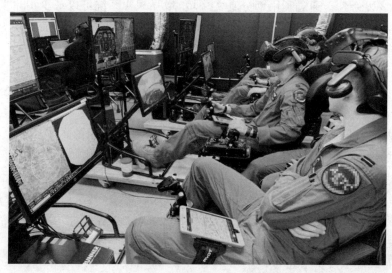

图 1-8　虚拟战争模拟(来源于凤凰新闻)

1.4 虚拟现实技术应用领域

1.4.1 "VR＋轨道交通"领域

近年来,中国新的轻轨线路创造了新的纪录,与其快速发展的态势相比,行业内高素质专家的缺乏及人才素质和职位之间的差异问题仍然突出。目前,我国城市轨道交通专业人才培养存在一些不足。长期以来,专业人员的培训一直受到培训设备昂贵、设备体积大、设备型号陈旧和设备缺陷严重等问题的限制。虚拟现实技术的出现和发展为城市轨道交通实践教学和培训带来了新的活力[10]。将城市轨道交通培训项目与虚拟现实技术有机结合,有助于创建虚拟现实技术培训平台,为高校和企业培训提供宝贵经验,也为城市轨道交通专业的实践培训和企业技能鉴定项目提供有力参考,克服当前培训平台存在的一系列不足,提高实践教学和培训的质量和效果。基于虚拟现实技术构建轨道交通信号培训平台的基本思路如下。

满足现有人才培养的需求,适当增加实践环节的占比。实践内容的设计应面向社会的基本需求,并考虑不同单位和部门的业务特点、学习基础和参与培训人员的实际需求。紧密结合理论知识,分析和说明实际项目现场的基本科学问题。假设的场景数据和数学模型必须符合实际情况,满足一个或多个科学问题的教学和实践,通过构建合适的课程资源包,购买和升级实验软硬件,为参与培训人员提供良好的体验和实验条件。

专业人士可以使用 VR 技术开展各种形式的实践教学和培训活动。通过这种方式,可以根据 VR 技术按照轨道交通真实工作岗位的分布进行培训。对于地铁和铁路的基层工作,可以设置不同的岗位,如车站、车间和线路等,让专业技术人员进行角色模拟扮演,完成多岗位、多系统和多线路的协同任务。以城市轨道交通应急系统的实践培训为例,借助虚拟现实平台,可以根据实际企业案例设定工作任务,为不同岗位的培训人员分配任务。培训人员按照预先设定的脚本扮演不同角色并完成任务。通过虚拟现实技术,受训人员能够更加真实地体验城市轨道交通场景,增强培训的实际感受。受训人员应严格按照一线工作的安全要求,根据在应急体系中所担任的岗位执行任务,对提升学员的应急处置能力和综合业务素质起到积极作用。

1. 实验教培建设内容

轨道交通信号的目的是在保证运营安全的前提下提高列车运行效率。因此,轨道交通信号领域主要分为两个基本部分:基础控制设备原理和列车运行控制技术。基于虚拟现实技术的实验教学与培训平台的开发也应遵循这两个基本部分[10]。

2. 基础控制设备原理

列车控制通过基础控制设备实现。因此,要求学员必须对信号机、转辙机、计轴设备和轨道电路等基础控制设备的原理和结构有一定的了解,并完成部分设备的拆装。如图 1-9 所示,基于虚拟现实技术的教学训练实验平台应实现轨道交通基础场景的构建,并在此场景下完成基础控制设备的三维建模,使学生能够交互式地完成设备原理、结构分析、基本部件的拆装和工作状态的再现。

图 1-9　轨道交通基础场景的构建

3. 列车运行控制技术

列车运行控制技术是轨道交通信号的核心,通过不同控制设备的联动与约束,实现列车在各种行车作业中的运行,从整体上提高列车运行效率。如图 1-10 所示,基于虚拟现实技术的列车控制系统实验教学平台的关键在于清晰呈现各种控制手段之间的通信和数据交流,主要包括直观展示不同列车控制设备之间的互动关系及不同监测机制之间的数据交换方式和流向。最后,学员应能够交互控制不同路线的列车运行,并对列车运行进行模拟驾驶。

图 1-10　多件货物装载技术的限制性通信和数据通信

4. 3D虚拟场景的搭建与设备建模

为了使虚拟场景更加真实,必须严格按照实际测量数据或设计图纸对场景和设备进行建模。对于可以直接测量的设备,可以使用精密测量仪器获得相应的数据;对于不能直接测量的设备,可与设计单位、设备制造商或相关铁路运营单位以合作开发的方式获取相应的数据。虚拟场景中任何设备的物理和电气参数及原理都可以通过数学建模来实现,使用的数学模型应符合基本物理原理[10]。建模完成后,进行材质渲染及优化,以提高场景的真实性。部分模型可通过贴图方式实现优化以减少平台规模,有利于在不同的通信平台上应用,如图1-11所示。

图1-11 VR用于测试交通设备[6]

5. 沉浸式交互协同的设计

基于VR技术的实验教学与培训平台应表现出交互的功能,通过编写虚拟现实软件的程序文件,可以实现各部件的动作展现和平台的交互功能设计。可以充分利用数字手套和虚拟头盔等硬件接入设备,真正让学生在平台上实现互动和操作。实验教学与训练平台还应为学生提供互动过程中每一个操作步骤的正确判断和合理提示,以支持实验的完成。为了提高实验教学和培训的趣味性,使虚拟场景更加生动,可以为虚拟场景设置背景音乐、背景颜色及贴图等。

6. 单一展现式向综合设计式的转化

实验教学平台的建设应避免理论知识单一表达的设计理念。基础理论必须与施工实践紧密结合,再现实际施工案例和应用场景。通过综合设计式的平台设计,学生的自我设计和互动得到加强,让学生掌握行业的技术和发展趋势,这有助于提高学生的社会适应能力和实践技能。

7. 实现合理的虚实结合

虚拟现实平台的关键之一是将虚拟和现实相结合,充分体现"能实不虚"的原则。在虚拟环境中呈现现实中难以获得的设备和控制原理,并以直观的方式展示,通过物联网技术实现虚拟设备与现实设备的连接。这种融合可以显著提高实验教学质量和培训效果，如图1-12所示。

图1-12 虚实结合教学案例

8. 实现线上、线下混合式教培

要达到充分利用教育资源的目的，可以将虚拟现实平台移植到计算机、手机等平台上。建立试点培训平台并对外开放，提高教培资源的利用率与社会贡献度。

1.4.2 "VR＋文化遗产"领域

由于非物质文化遗产的保护和传承工作具有特殊性，中国艺术研究院（中国非物质文化遗产保护中心）主任、非物质文化遗产专家田青对其特性有如下描述："人类传承文明的方法有三：物质文化、文献、非物质文化，其中非物质文化遗产恐怕是最难以捕捉、最不易保留、最难以还原的一种。物质文化，如青铜器、建筑等，可以深埋或屹立数千年不朽、不倒；文字文献，古有'绢保八百，纸寿千年'之说，我国目前发现的最早的纸本文献属魏晋南北朝时期，更不用说还有秦简、甲骨文；而非物质文化，是无法用具象、静态的物理载体所保存的。非物质文化遗产不是静止的雕塑，更像是流动的音乐，它是过程性的、稍纵即逝的。"

与有形的物质文化遗产相比，无形的非物质文化遗产难以找寻合适的保护方式和传承方式。目前，我国的非物质文化遗产工作面临以下几个难点。

1. 传承人人数不足

随着非物质文化遗产生态环境日益恶化，与固定不动的物质文化遗产不同，非物质文化遗产的核心和最宝贵的资源就在于传承人。目前，非物质文化遗产传承人群普遍面临老龄化问题，同时，在现代产业迅速发展的背景下，年轻一代对非物质文化遗产的认知和理解相对较浅，文化认同感较弱，因此对从事非物质文化遗产事业缺乏自我成就感，进入此行业的意愿较低。

2. 传播形式有待提高

目前国内大部分非物质文化遗产保护工作停留在保护与传承的初级阶段,仍然以拍照、采访、口头讲述和实物收藏等传统形式为主,这些方式虽然有助于保存一定数量的非物质文化遗产资料,但存在局限性。随着时间的推移,受损的实体资料、老旧的照片和抽象的口头记录无法完全肩负起保护与传承的重任。

3. 宣传内容缺乏内涵

目前推出的许多非物质文化遗产宣传活动通常只停留在形式层面,缺乏深度和内涵。它们可能只提供粗略的文字介绍,没有吸引力或参与度,难以让听众或游客深刻理解和感受非物质文化遗产的独特价值。

4. 传承人群的学习与创新问题

非物质文化遗产的传承人和所有人一样,都享有学习新知识的权利。他们既不因为是传承人就不需要继续学习,也不因为承担了传承的责任就必须放弃学习新知识的权利。虽然事实上有不少传承人的教育程度较低,但随着时代的进步,传承人群的结构也在发生深刻变化。将来,我国许多非物质文化遗产项目的传承将主要由接受过高等教育的人群来承担。许多传承人之所以无法接触新的知识和信息,无法改进材料和提高技艺,是因为缺乏条件和途径,而不是因为他们不愿意。

虽然 VR 技术不能悉数解决以上这些问题,但 VR 技术的独特优势使其脱颖而出,是与非物质文化遗产结合的优质之选,理由如下。

（1）VR 特有的视听盛宴能够打造出一个真实感极强的虚拟世界,把观众带入非物质文化遗产的世界之中,新颖的形式也能够吸引一大批年轻人,激起更多人了解非物质文化遗产的欲望,促进非物质文化遗产的传承。

（2）基于 VR 技术创造的内容在形式上可以实现多样化,可以是音频、视频、游戏和沉浸式体验等,能够适应不同人群的需要,让大众能在非物质文化遗产得到保护的情况下从多个方面深度接触非物质文化遗产项目。

（3）VR 技术特有的互动性提高了大众的参与度。遥不可及的非物质文化遗产成了触手可及的文化产品,过去只能隔着屏幕、通过书本了解的东西,如今可以亲身体验。在互动过程中,观众的主观能动性被调动起来了。

在博物馆展厅里,经常可以看到有参观者戴上 VR 眼镜,上下左右摇头晃脑,这是因为他们置身于一个全方位的世界之中。这些奇怪的动作并非无缘无故,而是为了更好地欣赏眼前的景观。通过 VR 眼镜,他们不再仅仅看到电视屏幕一个平面,而是被带入了一个 360°的虚拟世界:可以仰望苍穹,低头触及大地,环顾四周,一览周遭的全部景物。为了更全面地领略墓穴的全貌,戴上 VR 眼镜的人们自然会频繁地转动身体,以调整他们的视线。这个全沉浸的体验让他们仿佛置身于古代墓穴中一般,产生了前所未有的感觉,如图 1-13 所示。

"坊间过大年"主题 2019 新春文化坊会,是北京坊新年期间独具特色的系列活动之一。戴上 VR 眼镜,3D 的京剧角色头像和演员们的"唱念做打"便呈现在眼前。劝业场一层的 VR 京剧体验区,七八位正在体验的游客头戴脸谱外形的 VR 眼镜,胡琴的悠扬和经典的影像、动作就出现在眼前。除此之外,游客们还可以体验 VR 游览湖广会馆和京城画卷交互等项目。这些项目采用了科技领域中最前沿的体积捕捉、动作捕捉和 3D 扫描等技术,通过激光全息投影及多人大空间沉浸式 VR 交互等形式进行展示,传统京剧和现代科技结合,带来不一样的味道,如图 1-14 所示。

图 1-13　使用 VR 眼镜体验文化遗产(来源于搜狐)

图 1-14　游客体验 VR 京剧(来源于非遗国潮最前沿)

1.4.3　"VR＋医学"领域

在医学领域,虚拟现实技术与现代医学的飞速发展及两者间的相互融合,使得虚拟现实技术开始对生物医学产生重大影响。目前处于虚拟现实技术的初步应用阶段,主要包括合成药物分子结构的模拟、各种医学模拟,比如模拟解剖学和外科手术等。虚拟现实技术在这一领域的应用主要有两类:一类是模拟人体的 VR 系统,即数字化人体,数字化的人体模型可以使医生更好地了解人体的结构和功能;另一类是模拟手术的 VR 系统,该系统可以用来指导手术,如图 1-15 所示。随着虚拟技术的发展,医学与虚拟现实的结合促进了以教师为技术主体的从业者的培养。在虚拟环境中,新手医生可以获得更多的技术知识,在处理复杂病例时,医生可以通过在虚拟环境中模拟手术和治疗,降低手术风险,从而实现更高质量的医疗培训、医疗教育和医疗救治。

图 1-15　模拟手术

目前,虚拟现实技术在医学领域的应用还存在很多实际问题,相应的技术还不成熟。尽管如此,VR 技术的优越性、便利性已经极大地体现了出来,对于原有的治疗方式做了很好的辅助与补充。因此,在可预见的未来,虚拟现实技术将在医学人才的教育和培养、诊断和治疗及药物开发的实际影响方面发挥更大的作用。

虚拟现实技术广泛应用于医学的各个领域,在医学教学、医学诊断和药物研发中都得到了很好的应用。

1. VR 技术应用于医学教学

随着社会的发展、科学技术的进步和教学观念的转变,医学教育的形式和手段也在不断变化。现代教育理念强调学生主动学习和独立思考,不论是以教师为主导还是以学生为中心,这一核心意义在教育中都具有重要价值。在心内科教学改革中,实现"教师引导下的学生主动学习和独立思考"是一个关键目标,但由于心内科教学的复杂性,确实可能面临一些挑战。虚拟现实技术用于创建心脏生理活动的虚拟场景,为学生提供正常生理或疾病条件下的研究对象和活动现象。通过设定心脏生理活动的各种虚拟场景,体现教师在教学中的引导作用。

虚拟现实技术之所以能够应用于医学教学,是因为其能够模拟现实的环境,帮助教师更真实地完成课堂教学,帮助学生体验真实的医学环境[11]。在诊断和咨询的过程中,学生可以体验不同的治疗方法,获得独特的感受。虚拟现实技术的应用教学将极大地改善传统教学模式的抽象性,使学生获得实际操作的真实感,积累实践经验,提高操作技能,不断发现和解决问题,填补课堂学习的空白。在虚拟现实技术构建的手术环境中,学生可以体验手术环境、操作的力度和位置,感受手术现场教学,丰富展示形式。在教学中,学生可以独立深入地思考,想象操作中需要注意的问题,提前采取预防措施,确保操作顺利进行,减少随机因素导致操作失败的风险。在传统的医学设备的使用中,由于设备数量相对较少,购买和维护成本较高,很难满足学生的实际需求。虚拟现实技术解决了这个问题,这种教学方法不仅可以让学生提前体验手术室的场景,而且为以后的手术打下坚实的基础。与此同时,它也打破了事件和空间之间的界限,不再局限于课堂教学,大大提高了教学效率和质量。也正因为如此,虚拟现实技术已广泛应用于医学教育和医疗机构,使用 VR 学习人体骨骼结构如图 1-16 所示。

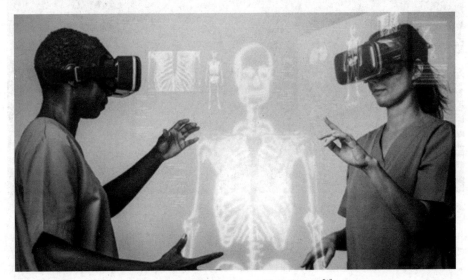

图 1-16 使用 VR 学习人体骨骼结构[6]

2. VR 技术应用于医学诊断

目前,部分医院已逐步实行远程门诊的形式,使患者足不出户就可以得到医生的诊断及治疗方案[11]。同时,医患双方可以进行深层次的互动,医生可以更全面、更详细地观察患者的病情,根据患者呈现的身体数据,对患者的病情进行诊断,并提供专业的治疗方案。此外,医生还可以使用 VR 技术检查患者患病的多维模型,与患者沟通各治疗方案的利弊,以及是否需要手术治疗,帮助患者更好地与医生沟通。值得注意的是,VR 技术也可以用于受伤运动员的康复,帮助运动员逐步康复,最终重返赛场。在几年前就曾经有过这方面的对比实验,最终发现 VR 技术的确能够对关节的生物力学进行优化、发展和完善。由于患者使用 VR 设备进入模拟的真实环境,并专注于环境中发生的事情,因此治疗疼痛大大减轻。同时,也有一些与牙齿治疗相关的治疗实验,最终通过对不同治疗方法的比较,发现 VR 技术可以更好地转移患者的注意力,减轻患者的疼痛感,缓解治疗中承受的压力,保持血压稳定,如图 1-17 所示。以上实验表明,虚拟现实技术可以在医学诊断中发挥很好的辅助作用,而不局限于提供远程诊断和治疗方案。当然,VR 技术在医学诊断的应用中仍然存在着一系列亟待解决的问题。例如,医务人员缺乏足够的经验和技能;虚拟现实设备的使用给患者带来了各种排斥、心理不适等。随着 VR 技术的发展,它将越来越受到患者和医生的重视。

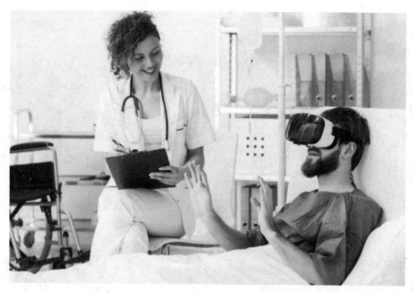

图 1-17 使用 VR 技术缓解患者压力

3. VR 技术应用于药物研发

虚拟现实技术可以应用于药物研发,将最小层面的微观反应通过可视化的形式呈现出来,使得操作主体能够更为直观地感受药物的相关反应,进而在研发过程中,根据所呈现的不同类型的化学反应,可以更好地了解药物的疗效和作用机理,避免出现不必要的问题,减少药物引起的过敏反应和其他副作用,提高药物治疗效果,更好地造福患者[11]。

1.4.4 "VR+教育"领域

"VR+教育"作为一种以技术为支撑的教育形式,是虚拟现实技术与教育系统内部要素深度融合后形成的一种新的教育范式。VR 技术通过构建沉浸式学习场景,打造升级版在线教育,在教育领域得到了广泛应用,使课程资源、教学内容、教学模式、教学关系和组织形式等教育系统要素发生深刻变革。未来,集沉浸性、交互性和想象性于一体的"VR+教育"将对传统的学习环境、教学方法和实践教学产生深远的影响,如图 1-18 所示。

"VR+教育"的最终目标是创建一个有助于学生全面掌握知识的学习环境,促进学生身心健康发展。目前,"VR+教育"虽然处于发展阶段,但在政策、制度和标准等层面上的实施和应用仍然面临一些阻碍。作为教育现代化的重要组成部分,"VR+教育"将在多个方面产生积极影响。首先,有望创建各种样板式的"虚拟课堂",通过创新应用大大提高教育的公平性。其次,"VR+教育"在经济投入方面成本较高,一旦建立起这一体系,将会产生大规模的综合效益,大幅提升教学效果。在教育领域,虚拟现实的介入不仅提供技术,更提供教育治理。这将对教育现代化产生深远的影响,为学生提供更丰富的学习体验,促进学生全面发展。虽然目前还存在一些挑战,但随着时间的推移和技术的不断发展,我们可以期待"VR+教育"在未来带来积极的变革和影响。

图 1-18　VR 技术在思政课堂中的应用

1. 构建沉浸式学习场景

建构主义学习理论认为,学习是学习者在原有知识经验的基础上产生意义和建构理解的过程。通过意义建构,学习者不断扩展知识的边界[12]。在意义建构的过程中,学习者与知识之间往往缺乏一座顺畅的桥梁,这就给意义建构造成了很大的障碍。就人的本性而言,人总是生活在一个"理想"的世界里,向着"可能"前进。他们希望通过想象、体验、沉浸等主观心理感受,过滤现实生活的单调,进入愉悦的体验空间。知识是高度集中和多重的现实,是纯粹抽象的集合,其意义的建构缺乏一个人自身感官的积极配合。

积极的感官参与通常会带来真正的沉浸式体验。根据认知心理学的观点,人类的认知过程是对外界所感知到的信息进行编码、存储、检索、分析和决定的过程,世界认知的来源是大脑对现实的感觉活动,大脑的认知强度往往取决于各种感官的刺激强度。VR 技术的意义在于增强感觉的强度,从而增强意识。作为一种沉浸式的多媒体,虚拟现实的本质是通过人机交互实现超真实的视觉、触觉、听觉和嗅觉效果。其技术手段是集计算机图形学、人机界面技术、传感器技术和人工智能技术于一体。关键不在于感受的真实,而在于通过模拟现实来感受完美的超现实幻觉。超现实的概念最初是作为一种媒介概念提出的,其核心是在后现代社会中,媒介塑造了另一种现实,一种完全模拟现实世界但又是虚拟现实的现实。

同为营造超现实沉浸空间,虚拟现实与媒介的超现实是完全不同的。虚拟现实是一种超现实的技术层面的实现,而不是内容层面的实现。超现实在教育技术层面的应用已成为教育的重要工具。"兴趣是最好的学习老师"这一教育基本理念在广泛传播,但在现实中,兴趣和知识的抽象性之间常常存在一种看似不可调和的矛盾。在知识学习中,运用VR 技术将抽象转化为具象,借助超现实的感官刺激,可以将抽象概念呈现为另一种更具体的表现形式。学生可以亲身感受这种全息体验和探索抽象概念,使之变得更加具象和可理解,如图 1-19 所示。

"虚拟世界的审美体验紧密关联着生理的美感,或愉悦或痛苦,或快乐或伤心,或喜忧参半或悲喜交加,虚拟空间或数码幻觉可以在使用者或参与者身体上生成伴有意识和意义的特殊审美感受[12]。"

图 1-19　VR 技术应用于沉浸式课堂

　　总体而言,VR 技术的大规模应用不再是一个技术障碍,而是一个环境和接受问题。随着"互联网+"在教育行业的深入发展,有必要深入理解 VR 技术的应用及其带来的教育变革。

　　2. 打造升级版在线教育

　　虽然"VR+教育"严格意义上属于在线教育的一部分,但它对传统的网络教育进行了改进,不仅弥补了课堂教育的不足,而且部分取代了课堂教育,对教育系统的颠覆意义不容低估[12]。

　　互联网技术的引入,使传统教育摆脱了时间和空间的限制,大大扩展了教育的边界。然而,将传统教育直接移植到在线教育中会带来很多问题。一方面,网络教育的交互性不可避免地受到滞后和碎片化的影响。在网络教学中,教师无法立即察觉学生的反应,导致无法进行有效的双向、即时的互动。这不仅分散了学生的注意力,还容易受到各种外部干扰的影响,从而影响了教育效果。因此,仅仅将传统线下教学转移到线上,由教师远程授课,难以保证教学质量。另一方面,网络教育虽然实现了即时教学,但也带来了教学的碎片化和课堂秩序的混乱。学生的注意力分散导致教学内容片段化,整个教育体系也可能变得混乱。如果没有适当的干预和管理,整个教学过程最终可能变成一种形式。

　　综上所述,当前网络教育存在缺陷的主要根源在于教育的时空差异造成的系统混乱,这似乎是不可避免的。然而,结合 VR 技术,采用高端 VR 全景摄像机和佩戴 VR 头戴式显示器设备,在条件允许的情况下,可以有效地弥补传统在线教育的不足,提高在线教育的效果。VR 技术能够创造出更具互动性和沉浸感的教育环境,使学生更专注,从而提高学习效果。这种技术的应用有望提高在线教育的质量,促进教育的创新和改进。主要体现在以下两个方面:一是解决了师生互动问题。VR 具有三维交互的特点,教师和学生都处于预设的三维情境中,这不仅消除了外界的干扰,而且通过游戏创造激发了学生的学习兴趣。在风险消除的基础上,可以对实践教学的内容进行详细、全面的阐述,为实践操作提供经验和培训等。与实际操作相比,学生在三维情境下的操作更加安全,具有重复性记忆,甚至对于语文、数学等基础学科的知识学习也是如此,虚拟现实也可以将部分知识学习转化为三维游戏,有效地提高学生的注意力。二是解决了时间碎片化问题。头戴式显示器设备能够有效地隔离真实空间和虚拟空间,提高学习效率,甚至有时可以超越传统封闭校园教育的优势,大大减少外部干扰。一旦这些干扰被排除,结合在线教育、大数据和云计算等技术的虚拟现实教育,将成为教育领域的重要选择。

VR软硬件设备及其支持系统的投资成本高昂是"VR+教育"面临的主要问题之一。随着VR设备的大规模生产和技术的不断优化,"VR+教育"将成为"互联网+"教育发展的新方向。随着时间的推移,这一技术将更加普及,成本可能会下降,使更多的学生和教育机构受益。"VR+教育"的潜力巨大,它不仅可以提高学习效率,还可以创造更具吸引力和互动性的学习体验。这种技术有望为教育带来革命性的变革,为学生提供更好的教育资源和工具,同时也为教育者提供更丰富的教学方式。因此,虽然面临挑战,但"VR+教育"将继续发展,并为未来的教育提供更多可能性。

3. 融入高校思政课堂

借助VR技术改进思政理论课作为一种新型的学习资源倍受社会关注,推动了思政课教学的重大变革。华东交通大学、河南师范大学、北京理工大学等高校利用VR技术开展思政教育,在相关研究中建构了"VR+思政"的教学模式,并取得成效[13]。

其中,华东交通大学充分利用江西丰富的红色资源,发挥虚拟现实与交互技术专业优势,创新党史学习教育载体和形式,采用全景摄像机对线下红色展馆进行现场摄制,自主搭建了一个"VR红色走读"的在线全景展示平台,如图1-20所示。该平台综合运用图文、音频和视频等视听元素,以沉浸式、立体式的全新体验,不仅让"红色走读"从"一时一地"变为"随时随地",而且有效激发了参与者的学习热情,让党史学习教育"活"起来、火起来。河南师范大学依托红色文化资源开展三维仿真实践教学,在思想政治教育中提出了形象、情感、娱乐及可持续性、艺术性、自然性、社会性和科学性等审美教育因素,创造性地提出了"VR+美育+思想政治教育"模式,使虚拟现实课程得以"活"起来。北京理工大学是我国最早实施高校美育的大学之一,也提出了"VR+艺术+思政教育"的模式[13]。美育本身以人性、主动性、价值感和审美体验为基础,结合VR技术,无疑是对思想政治教育的一个很好的补充。课堂审美体验最终是为了获得知识和技能。虚拟现实虽然增加了学习者的感性体验,但不能忽视对这种体验的高认知性。"以情动人"最终目的是"以理服人",这是"VR+思政教育"的目的,也是"VR+教育"的目的。

图1-20 "VR+思政教育案例"

1.5　虚拟现实关键技术

1.5.1　三维建模技术

虚拟现实技术的关键是要创建出真实可信的虚拟环境,除了真实感外,虚拟环境还需要有良好的交互性。这就需要用到三维建模技术,但是不同领域的三维建模技术的重点和方法也存在不同。目前常规建模技术主要包括传统人工建模、三维激光扫描建模、数字近景摄影测量建模和倾斜摄影测量建模[14]。传统人工建模是基于图像的三维建模,相对经济灵活,目前依然在广泛使用。该方法制作的模型外观美观,但精度较低,并且生产过程中需要大量的人工参与,制作周期较长。三维激光扫描建模是通过激光扫描物体的点云,能够以毫米级精度来重建三维模型,实现精确建模,最大限度地还原真实场景。但是这种方法生产周期长、效率低,适用于小范围的精细模型构建。数字近景摄影测量建模是针对 100m 范围内目标所获取的近景图像进行自动匹配、空三解算、生成点云和纹理映射等一系列操作来构建三维模型,该方法具有模型效果好、精度高等优点,但也存在建筑物存在死角、顶部无法拍摄的缺点[14]。倾斜摄影测量建模具有作业范围更广、成本低和效率高的优点,并且数据处理对计算机硬件配置要求较低,更适用于大范围的三维模型构建,但该方法也存在建筑物侧面、底部信息采集不全的缺点[15]。无论采用哪种三维建模技术,都是从数据采集开始,到计算机上完成可视交互的三维虚拟模型结束,这是三维建模的完整过程[16]。

三维地形建模是建立描述地形表面及其特征的曲面模型,能够真实反映地表特征和地表现象,在虚拟现实、影视动画和动画仿真等领域都有着重要的应用。随着三维建模技术及无人机的快速发展,三维地形建模的质量及效率已大大提升,多种前沿技术结合下的三维地形建模具有交互性强、可视化效果好和层次丰富等优点,为相关行业的发展起到了积极的推动作用。

1.5.2　三维显示技术

三维显示是虚拟现实领域的关键技术之一,它使人感受到物体在空间中的深度和立体效果,具有更强的沉浸感。三维显示的引入可以使画面变得立体逼真,图像不再局限于屏幕的平面上,而是能够延伸到屏幕外面,让观众有身临其境的感觉。因此,有必要进行立体成像技术的研究,并利用现有的计算机平台,结合相应的软硬件系统,实现在平面显示器上显示立体视景。目前,三维显示技术主要以佩戴 3D 眼镜等辅助工具和裸眼式两种方式来观看立体影像。随着光学、电子和激光等技术发展,裸眼式三维显示技术逐渐走向市场化。在国内,越来越多的裸眼 3D 艺术作品及承载作品的 LED 户外大屏幕出现,并成为一个城市的新地标。随着 4K/8K 显示和 5G 技术的快速发展及相关核心技术的突破,裸眼 3D 显示可有力推动传统 2D 显示产业转型升级,成为最具潜力的下一代显示技术。

1.5.3　三维动画技术

三维动画又称为 3D 动画,是一种以三维形式展现及表达动态效果的视觉表演媒体的范畴,包括由三维模型组成的三维动画及使用普通彩色静帧的三维动画[17]。对于每一帧都是一个三维网格模型的三维动画,直接存储数据是一项极其耗费资源的事情。能够较为精细地展现立体模型的网格数据往往具有数以万计的顶点,同时附加表明顶点连接关系的大量面片信息。当前,三维动画数据的应用已经伴随着 VR 技术深入社会的方方面面。三维动画作为相较于图像、视频等更晚出现的多媒体技术,具有更强的逼真性和更好的交互性,可以提供比传统 2D 媒体更加真实的体验,这些特征使其在电影、游戏、教育和虚拟现实等多个领域得到了广泛的应用。当前多媒体技术日渐发展,不仅丰富了人们的日常生活,在科研及工业领域也有广泛应用,同时对计算机性能的依赖也逐渐提高。

1.6　本章小结

本章系统地介绍了虚拟现实技术的背景、研究意义及不同的虚拟现实系统,使读者对虚拟现实技术有了整体认知和了解。本章重点关注虚拟现实技术在多个领域的应用,包括轨道交通、文化遗产、医学和教育领域。虚拟现实技术为这些领域带来了革命性的变化,为交通管理、文化遗产保护、医学诊疗和教育教学等方面提供了创新的解决方案。另外,本章还介绍了虚拟现实技术研究中的关键技术,包括三维建模技术、三维显示技术和三维动画技术。这些关键技术为虚拟现实技术的发展提供了技术支持和保障。通过本章学习,读者对虚拟现实技术的基本概念和发展脉络有了深入的了解,为后续章节的学习和探讨打下了坚实基础。同时,我们也期待在未来的发展中,虚拟现实技术能够在国内外各个领域获得更加广泛和深入的应用。

第 2 章　三维建模技术方案与验证

　　虚拟环境中的建模是整个虚拟现实系统建立的基础。为了给用户创建一个身临其境的逼真环境,首要条件就是创建一个逼真的虚拟场景。因为人所感受到的大部分信息是通过视觉获取的,而且在真实的世界里,人感受的是三维信息,所以三维建模技术在虚拟现实技术中处于核心地位,是虚拟现实应用中关键的步骤和技术。三维建模技术提供了虚拟现实环境中的物体和场景的可视化,而虚拟现实技术通过头戴式显示器和交互设备将这些模型呈现给用户。这种结合为我们打开了无限的可能性,三维模型的精度和模拟场景的真实与否,直接关系到应用实例的成败。

　　三维建模技术在众多领域中都扮演着重要的角色,其中三维地形建模尤为关键。通过精确地再现地表的地形特征,三维地形建模赋予我们更深入、更立体的空间认知,为各种应用打下了坚实的基础。近年来,随着三维建模技术和无人机技术的迅速发展,三维地形建模的质量和效率得到了显著提升。多种前沿技术结合下的三维地形建模效果具有交互性强、可视化效果好和层次丰富等特点,这为相关领域的发展注入了强大动力。三维地形建模领域尽管已经取得了显著的进展,但是要在工业场景中实现高质量和高效率的三维地形建模仍然面临着一系列挑战。在这样的背景下,本章将深入研究现有的建模方法,并在此基础上提出一种全新的、更快速和更精确的三维地形建模方法,以满足当前建模平台的需求。

2.1　大规模三维场景的建模技术方案

　　三维地形建模在计算机图形学领域有着重要的研究应用,如今在"工业 4.0"的时代背景下,人工智能、虚拟现实等技术迅速崛起,三维数据以及三维建模迅速发展并获得重要应用。国内外学者针对三维地形建模提出了不同的设计方法。刘双童等[18]提出一种三维地形实体模型制作方法,它是基于倾斜摄影建模技术生成的三维地形模型,具有成型快、精度高且地形特征显著的特点。薄杨等[19]开发了基于 Kriging 算法的三维曲面模型构造软件。高林等[20]通过模拟实时优化适应性网络(Real-time Optimally Adapting Meshes,ROAM)算法的数据结构,设计分割判据并确定其网格生成方式,基于 ROAM 算法生成地形。义崇政等[21]提出能反映实际高程起伏的三维地形模型,通过空间数据抽象库(Geospatial Data Abstraction Library,GDAL)访问数字高程模型(Digital Elevation Model,DEM)数据,再添加地形的高程信息,有效地降低了三维地形建模的难度。李勇发等[22]结合 Maya、AutoCAD 等三维建模软件,以 Skyline 作为开发平台,提出一种速度快、精度高的三维地形模型建立方法。徐勇等[23]提出基于轮廓草图的三维地形建模方法,其使用道格拉斯－普克算法分析地形轮廓的几何特性,使用高斯高通滤波器对重构出的三维地形进行去噪处理,实现三维地形的生成。宋克志等[24]提出渤海海峡跨海通道三维地形模型系统,其将渤海海峡地形数据结合视景仿真建模软件(MultiGen Creato)进行建模,构建了可视化效果较好的三维地形。王林林[25]提出了动态实时显示三维地形的方法,其结合虚拟现实技术,并运用图形生成加速技术,在保持真实三维地形数据特征的前提下,对网格地形建立可视化模型。吴晓彦等[26]提出多细节层次(Levels of Detail,LOD)分辨率地形模型,将采样点与地形特征相关联建立三角网格模型,通过有限域内的三角形分裂进行插值,并使用局部优化算法优化生成的地形。PENG Zizhe等[27]利用全局制图器将 GeoTIFF 数据转换成 DEM,进而通过 Creator 环境建立三维地形模型,实现了真实地形的快速建模。尽管众多学者在三维地形建模领域有了诸多进展,但是很少能够达到工业场景的高质量和高效率的要求。

本章提出一种基于等高线的三维地形模型生成方法。三维地形建模是建立描述地形表面真实特征的曲面模型,能够真实反映地表特征和地表现象。地形建模在虚拟现实、影视动画和动画仿真等领域都有着重要的应用。评价三维地形模型的构建是否成功,首先基本要求是在可视化场景中具有较好的视觉效果,其次还要看构建精度能否满足应用需求,因此,好的地形建模技术是成功的关键。三维地形建模需要输入的地形数据源为等高线数据,基于等高线进行曲面建模,根据等高线拟合三维地形,通常采用三角剖分来构建地形,不过效果差,会产生额外的坡度变化线,不符合地形是连续平滑的事实。因此如何实现三维地形模型表面更加平滑,可视化效果更好,成为亟须解决的技术问题。三维地形模型生成的总体框架流程图如图 2-1 所示,输入为三维地形的等高线数据,输出为三维地形的曲面拟合结果;算法的复杂度为 $O(n)$,其中 n 为等高线均匀采样散点数。

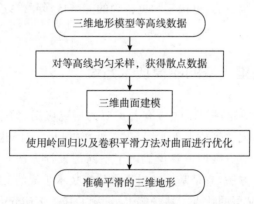

图 2-1　三维地形模型生成的总体框架流程图

2.2　三维建模技术及优化

地形数据主要是地形的三维空间数据,其三维空间数据的密集程度决定了该数据能否真实地反映地形地貌的特征,能否真实地还原地形地貌的特征是我们基于实景地形建模最重要的因素。DEM 是当前使用较为广泛的模型,有多种表现形式:不规则三维网格、规则矩阵网格和三角形网格与矩形网格混合等。其表现形式各有优缺点:三角形网格数目多,能够勾勒地形地貌特点,但是其运算效率低下,可视化效果不好,这是运用较少的原因;矩形网格数据量小,且方便存储,运算速度快,加入适宜的插值方法便能够很好地还原地形地貌的特征,因此也是目前运用最为广泛的形式。本章基于该模型,探索适宜的插值方法,构建可视化效果好、精度高的地形模型。

2.2.1　等高线采样

本数据以江西某上市公司为依托,通过无人机对地形进行三维扫描,提取地形等高线数据作为输入数据,以供实验使用。

对等高线均匀采样,同时存储采样点的 X、Y 坐标值,这样就完成了对等高线的离散化处理[18]。这些采样点除了一般离散点所具备的空间特征 (x,y,z) 外,还具有属于某条等高线这一属性。例如,$(99,199,99,1)$、$(299,199,99,1)$ 和 $(199,299,99,1)$ 三个离散点就表征了一条等高线,每个离散点的前三个数据为该点的三维坐标,第四个为等高线所在的编号。等高线采样结果如图 2-2 所示。

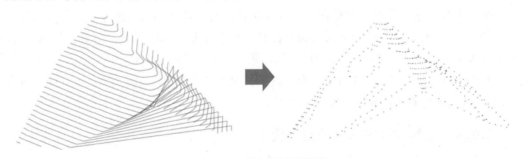

图 2-2　等高线采样结果

2.2.2　三维曲面建模

在现有的方法中,使用地形等高线生成 DEM 的手段有很多,如通过三角剖分生成三角形网格、直接生成规则矩形网格(GRID)等。然而使用三角形网格有许多的局限性,例如三角形网格的数目比矩形网格多,运算效率不如矩形网格快,存储形式也没有矩形网格规整与方便。此外,在数学上,矩形网格可以转化为对应的矩阵,用来存储相关数据,例如,数组矩阵的每个单元格存储其对应的高程值。但是 GRID 也有不能够很好地勾勒真实地形的特征以及细节的缺点,因此,需要探索一个适宜的插值算法还原地形的特征细节。下面我们采用基于 GRID 的方法对三维曲面进行建模,其中数字高程模型很重要的一步就是获取地形的高程值。由于实际地形的高程数据获取比较困难,而通过位图的方式获取高程数据比较简单,且位图所涉及的数据量比较小,可以减少计算机的计算量。位图可以被认为是多个像素点按照行/列的方式排列的组合,鉴于像素点的排列方式和构建DEM 表面的三维网格在形式上有相似之处,因此可以利用此特点来构建三维地形网格。位图各像素点的相对位置如图 2-3 所示。

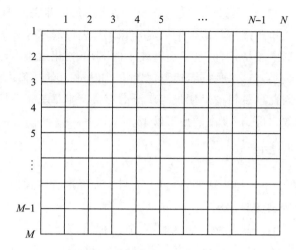

图 2-3　位图像素点对应关系图

矩形网格中每一个小矩形方块的四个顶点对应于相应位置上的像素点。从数据结构的角度出发，认为每一个像素点对应于一个二维数组中相应的一个元素，数组元素的索引下标分别对应于这个像素点在位图中的排列位置。为了获取 DEM 表面中节点在三维空间中的坐标，将每一个二维元素的一维下标和二维下标分别对应于某一个节点的 X 坐标和 Y 坐标，节点的高程值对应于该数组元素，用 $R[i][j]$（$0 \leqslant i \leqslant M; 0 \leqslant j \leqslant N$）表示。加载一幅规模为 259×261 的位图作为构建地形网格的原始数据。初始化地形的最大高度和最小高度，确定地形网格之间的网格间距。

2.2.3　地形插值方法及岭回归优化

三维地形点云模型根据形状大小 $[(X_{\min}, X_{\max}), (Y_{\min}, Y_{\max})]$ 计算 X 轴和 Y 轴上的网格，将其网格分为两个单位等腰直角三角形，如图 2-4 所示。设插值点集合为 P，将其分为左三角形中插值点的集合 $P_t = \{P_{t1}, P_{t2}, \cdots, P_{ti}, \cdots, P_{tn}\}$ 和右三角形中插值点的集合 $P_s = \{P_{s1}, P_{s2}, \cdots, P_{si}, \cdots, P_{sn}\}$；网格顶点的集合为 V。

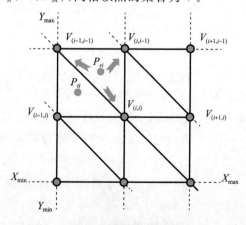

图 2-4　网格插值方法

（1）当左三角形中插值点的集合为 P_t 时，假设已知单位等腰三角形中的插值点 P_t 的值为 $P_t[(X_{t1},Y_{t1},Z_{t1}),\cdots,(X_{ti},Y_{ti},Z_{ti}),\cdots,(X_{tn},Y_{tn},Z_{tn})]$，$t$ 是插值过程中的参数，用于确定左三角形中的插值点位置，插值点集合 P_t 将其值拆分为 X 轴、Y 轴和 Z 轴上的值，其中 X 轴、Y 轴和 Z 轴上的值提取出来组成矩阵 $\boldsymbol{X}_t=[X_{t1}\cdots X_{ti}\cdots X_{tn}]$，$\boldsymbol{Y}_t=[Y_{t1}\cdots Y_{ti}\cdots Y_{tn}]$，$\boldsymbol{Z}_t=[Z_{t1}\cdots Z_{ti}\cdots Z_{tn}]$。同理可得，所在的网格顶点 X 轴上的值提取出来组成矩阵 $\boldsymbol{X}_{vt}=[\cdots X_{(i-1,i-1)}X_{(i-1,i)}X_{(i,i)}\cdots]$，$v$ 是提取网格顶点在 X 轴上的值时使用的行索引，Y 轴上的值提取出来组成矩阵 $\boldsymbol{Y}_{vt}=[\cdots Y_{(i-1,i-1)}Y_{(i-1,i)}Y_{(i,i)}\cdots]$，$Z$ 轴上的值提取出来组成矩阵 $\boldsymbol{Z}_{vt}=[\cdots Z_{(i-1,i-1)}Z_{(i-1,i)}Z_{(i,i)}\cdots]$。进一步利用权重公式

$$W_{(i,i)}=\frac{(Y_{(i-1,i)}-Y_{(i,i)})(X_{ti}-X_{(i,i)})+(X_{ii}-X_{(i-1,i)})(Y_{ti}-Y_{(i,i)})}{(Y_{(i-1,i)}-Y_{(i,i)})(X_{(i-1,i-1)}-X_{(i,i)})+(X_{ii}-X_{(i-1,i)})(Y_{(i-1,i-1)}-Y_{(i,i)})} \tag{2-1}$$

求得网格顶点 $V_{(i,i)}$ 到 P_{ti} 的权重 $W_{(i,i)}$ 的值，同理可得 $W_{(i-1,i)}$，并且根据三角形内各顶点的权重公式

$$W_{(i-1,i-1)}=1-W_{(i,i)}-W_{(i-1,i)} \tag{2-2}$$

由此可求得点 P_{ti} 所在的左三角形各顶点的权重 $W_{vi}=[\cdots W_{(i-1,i-1)}W_{(i-1,i)}W_{(i,i)}\cdots]$。因为 $X_t=\sum W_{vt}\times X_{vt}$，$Y_t=\sum W_{vt}\times Y_{vt}$，同理可得 $Z_t=\sum W_{vt}\times Z_{vt}$，从而得到 $Z_{vt}=\dfrac{\sum W_{vt}}{z_t}$（左除）。

（2）同理，当右三角形中插值点的集合为 P_s 时，假设已知单位等腰三角形中的插值点 P_s 的值为

$$P_s[(X_{s1},Y_{s1},Z_{s1}),\cdots,(X_{sv}Y_{si},Z_{sl}),\cdots,(X_{sn},Y_{sn},Z_{sn})] \tag{2-3}$$

s 是插值过程中的参数，用于确定右三角形中的插值点位置。其中 X 轴、Y 轴和 Z 轴上的值提取出来组成矩阵 $\boldsymbol{X}_s=[X_{s1}\cdots X_{si}\cdots X_{sn}]$，$\boldsymbol{Y}_s=[Y_{s1}\cdots Y_{si}\cdots Y_{sn}]$，$\boldsymbol{Z}_s=[Z_{s1}\cdots Z_{si}\cdots Z_{sn}]$。所在的网格顶点 X 轴上的值提取出来组成矩阵 $\boldsymbol{X}_{vs}=[\cdots X_{(i-1,i-1)}X_{(i,i-1)}X_{(i,i)}\cdots]$，$Y$ 轴上的值提取出来组成矩阵 $\boldsymbol{Y}_{vs}=[\cdots Y_{(i-1,i-1)}Y_{(i,i-1)}Y_{(i,i)}\cdots]$，$Z$ 轴上的值提取出来组成矩阵 $\boldsymbol{Z}_{vs}=[\cdots Z_{(i-1,i-1)}Z_{(i,i-1)}Z_{(i,i)}\cdots]$。

由上述权重式（2-2）求得右三角形权重为 $\boldsymbol{W}_{vs}=[\cdots W_{(i-1,i-1)}W_{(i,i-1)}W_{(i,i)}\cdots]$，从而得到 $\boldsymbol{Z}_{vs}=\dfrac{\sum W_{vs}}{z_s}$（左除）。

利用上述方法求得左三角形和右三角形矩阵 $\boldsymbol{Z}_{vt}$ 和 $\boldsymbol{Z}_{vs}$。下面通过岭回归估计来计算矩阵 $\boldsymbol{Z}_{vt}$ 和 $\boldsymbol{Z}_{vs}$ 的值，岭回归估计的定义为

$$\boldsymbol{W}=(\boldsymbol{X}^{\mathrm{T}}\boldsymbol{X}+\lambda\boldsymbol{I})^{-1}\boldsymbol{X}^{\mathrm{T}}y \tag{2-4}$$

这种岭回归估计法是在原先的最小二乘法拟合平滑三维地形点云模型的基础上，增加一个 $\lambda\boldsymbol{I}$ 的可调节参数，λ 是岭回归中的可调节参数，用于增加一个惩罚项，确保矩阵非奇异，从而在拟合平滑三维地形点云模型时得到更好的估计结果。通过调整 λ 的值，可以控制拟合的平滑程度。$\boldsymbol{I}$ 是一个 $n\times n$ 的单位矩阵，值 1 贯穿整个对角线，其余元素全是 0。本章通过调整 λ 超参数，求出 $\boldsymbol{Z}_{vt}$ 和 $\boldsymbol{Z}_{vs}$ 的最优解。插值点与其所在的网格三角形各顶点 Z 轴方向上的关系为

(1) 左三角形：

$$Z_{ti} = (1-\max)Z_{(i-1,i-1)} + (\max-\min)Z_{(i-1,i)} + \min Z_{(i,i)} \qquad (2-5)$$

(2) 右三角形：

$$Z_{si} = (1-\max)Z_{(i-1,i-1)} + (\max-\min)Z_{(i-1,i)} + \min Z_{(i,i)} \qquad (2-6)$$

为输出最优的三维地形模型，进一步约束三维地形模型的平滑，两个网格顶点之间的距离尽可能为两个网格顶点 Z 轴方向上的均值。因此本章采用运算泛化，以全局的思想构建。首先，将插值点集合 P 和网格顶点的集合 V 组合成一个矩阵 $\boldsymbol{K}_{pv}$。然后，根据插值点与其所在的网格三角形各顶点 Z 轴方向上的关系构建插值点与网格三角形各顶点的全局系数矩阵 $\boldsymbol{J}$，并且其他无关顶点系数为 0。最后，可用以下公式计算 $\boldsymbol{K}_{pv}$ 和 $\boldsymbol{J}$ 组合成矩阵 $\boldsymbol{S}(\boldsymbol{K}_{pv}, \boldsymbol{J})$。

$$\begin{pmatrix} \boldsymbol{K}_{pv} \\ \boldsymbol{J} \end{pmatrix} \times (Z_v) = \begin{pmatrix} Z_t \\ Z_s \\ \boldsymbol{0} \end{pmatrix} \qquad (2-7)$$

式中：Z_v 为所有网格顶点 Z 轴方向的值；Z_t 和 Z_s 可组合成所有插值点的 Z 轴方向的值。依照式(2-7)，在对应的像素点中插入一个 Z 轴方向的值。

2.2.4 卷积平滑优化

利用岭回归方法对曲面进行初步优化后，使用卷积平滑方法进行进一步优化，经过卷积平滑优化后，三维地形将更平滑且更贴近地形真实特征。首先，为了加快运算速度，将当前网格划分为均匀的四块，且相互独立，使用多线程加速运算，其中每一块区域采用卷积平滑方法对曲面进行进一步优化。具体地，对于每一个正方形网格，其对应的索引具有该网格所对应的高程值。如图 2-5 所示，当前网格的高程值为周围相邻 8 个网格的高程值的加权和，此处，经过实验九个网格的权重分别取 1/9 时，即 $\boldsymbol{Z}_p = \dfrac{1}{9}(Z_1 + Z_2 + Z_3 + Z_4 + Z_5 + Z_6 + Z_7 + Z_8 + Z_9)$ 曲面平滑效果最好。

$\frac{1}{9}$	$\frac{1}{9}$	$\frac{1}{9}$
$\frac{1}{9}$	$\frac{1}{9}$	$\frac{1}{9}$
$\frac{1}{9}$	$\frac{1}{9}$	$\frac{1}{9}$

图 2-5　卷积平滑原理图

2.3　实验结果分析

2.3.1　曲面平滑实验

本章的曲面平滑实验采用三维地形点云模型为例，先将三维点云模型的散点显示出来，然后由此得到地形的等高线，以本章的曲面平滑方法进行拟合后，得到三维模型曲面结果,表面可以明显地看到平滑的效果非常好。如图 2-6 所示,地形平滑后三维模型不仅客观、准确地体现了等高线点云模型所描述的地形细节,而且具备高品质的平滑特性。

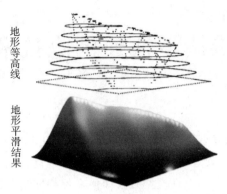

图 2-6　地形的散点和等高线、平滑结果图(数据来源:江西博微新技术有限公司)

2.3.2　结果分析

经过岭回归初步优化以及卷积平滑方法再次优化后,三维地形曲面的可视化效果非常好,更贴近于真实地形的曲面情况,不仅保留了地形的初始特征,还具有较好的可视化效果,地形生成时间为 569ms,相较于传统的地形建模方法,时间性能也有较大的提升。三维地形建模结果如图 2-7 所示。

图 2-7　三维地形建模结果

2.4　本章小结

与本章模型相关的工作主要包括等高线采样、三维曲面建模、地形插值方法、岭回归平滑优化以及卷积平滑优化,此外还引入了多线程来加速运算。本章所提出的方法能够以较快的速度得到贴合地形特征且可视化效果较好的地形结果,该方法已集成至现有的三维设计平台中,并投入真实工程工业使用,经得起实践检验,且推动了国内自主三维软件的发展。尽管当前有较多的地形建模算法,但是其运算速度很少能够满足工业的真实运算要求,可视化效果也不及我们的结果。在未来,随着虚拟现实的发展以及智慧城市的逐步建设,需要寻求更快速的地形建模算法以满足工业工程中的实际需要。

第3章　三维模型快速消隐技术方案与验证

随着三维建模技术的发展,大规模三维场景的可视化和交互需求日益增长。在三维建模中,一个重大的挑战是处理大规模的几何数据,并以高效的方式呈现出来,尤其是当需要在实时应用中显示复杂的三维模型时。如何在保持图形质量的同时,尽可能减少计算和渲染的开销是问题的关键。

为了解决这个问题,快速消隐方法成为三维建模技术中的一个重要研究方向。快速消隐是一种通过剔除不可见的几何体来加速渲染过程的技术。在渲染三维场景时,我们需要确定哪些物体或物体的哪些部分是可见的,以便将它们显示在屏幕上。传统的渲染方法需要对所有物体进行完整的计算和渲染,即使它们最终并不可见,这会导致计算资源的浪费。

本章通过对现有的三维模型消隐方法进行分析和研究,提出了一种改进方案,以提升对大规模场景模型的运算性能。

3.1　三维模型快速消隐技术方案

在硬件性能逐步提升以及大型基础设施建设的设计需求的促进下,大规模三维场景数据的可视化技术被提出,学者们针对这类问题展开了一系列研究工作[28-32]。Gobbetti等[28]将大规模三维模型的显示技术分为选择性可视、简化、缓存和数据压缩方法。Diaz等[29]使用约束带的方法实现三维场景模型的高效交互式显示。Falchetto等[30]提出了一个基于排序的流水线架构。Huang 等[31]提出的空间提取方法先后用于实现三维模型的显示。Di 等[32]通过构建复杂三维场景的全景式视图实现三维模型的高效浏览。

对于大规模三维模型显示的方法,学者们探索了相关方法在各个领域的应用研究。Borba 等[33]介绍了三维考古基地的显示方法并将其应用于虚拟现实的显示。Carter等[34]研究了复杂产品数据管理(Product Data Management,PDM)系统的模型显示方法。Süß 等[35]研究了针对分布式三维场景的非同步障碍物异步计算集群的高性能显示方法[33]。Serna[36]通过构建三维模型间的连接和语义关系来优化三维模型的检索、浏览、展示和标记,从而实现大规模三维场景模型的显示。同时,学者们针对大规模三维显示在自然文化遗产保护[37]和复杂医学模型[38]方面开展了相应的应用研究工作。

基于大规模模型的数据体量特性,三维模型显示方法性能是评估方法的重要方面之一。为此,诸多文献集中在实时显示方面开展研究工作。其中,Cordeiro 等[39]通过集成数据放大和慵懒评估方法实现了渐进式建模,从而实现了大规模模型的渐进式显示;

Du 等[40]通过下采样的金字塔型多层表示方法来表征三维模型;Rodríguez 等[41]汇总了针对三维模型显示的主流图形处理器(Graphics Processing Unit,GPU)性能优化方法。冯浩等[42]提出了一种针对单个模型的基于索引重排的部分消隐方法,实现了模型的动态消隐和实时消隐。徐越月等[43]通过比较投影过程中线段的深度信息来区分可见和不可见线段,从而实现对三维物体的消隐。李军民等[44]通过摘除规定视口下不可见的面和线,基于可见线对有线子段采用中性点判断法,以此得到三维物体的投影图。Randolph 等[45]提出了一种多面体场景的并行对象空间隐藏表面去除算法。Hsu 等[46]提出了从三维场景中删除隐藏线的通用解决方案,该算法可以准确地构造三维模型之间相互贯穿时形成的连接线。Baerentzen 等[47]提出了两种新颖且鲁棒的线框制图技术:第一种方法是单程技术,非常适合小于 N(特别是四边形或三角形)的凸 N 边形;第二种方法是完全通用的,适用于非凸的任意 N 边形。Capowski 等[48]提出了一种删除三维模型显示中的隐藏线的方法,该算法对由一系列堆叠平面轮廓组成的三维模型进行截面重建。

Z-buffer 是在图形学发展早期被提出用于基本三维模型的显示方法,由于其高效的计算特性,现已成为三维显示经典方法[49-50]。同时,为适应不同应用及当前大规模三维模型应用场景,学者们始终致力于该算法优化研究。其中,Yu 等[51]提出层级式深度缓冲以最小化三维显示时的内存带宽消耗;基于平面与三维模型的整体显示构造,截锥模型及阴影模型同样在三维显示方法中广泛使用[52-53]。除此之外,Z-buffer 方法也在自动建模仿真[54]、三维场景中模型间语义关系构建中起到了关键作用[55];Greene 等[56]提出了一种可以快速剔除模型中的隐藏几何结构并利用生成图像的空间和时间的一致性的 Z-buffer 扫描转换算法,该方法适用于具有高深度和复杂度的模型,与普通的 Z-buffer 扫描转换相比,在某种情况下可以实现指数级的加速。尽管国内外学者在消隐方法中取得了较多进展,但工业场景中的庞大数据量以及模型复杂度对大规模三维场景的消隐提出了挑战,本书也将针对该挑战提出相关消隐方法。

针对现有三维模型消隐方法面向大规模三维场景模型应用中存在的计算复杂、耗时长等缺陷,本章提出了基于改进 Z-buffer 算法对大型变电站场景消隐的快速可视化方法。首先,为了简化计算,将场景模型数据整合并重构;其次,通过透视投影变换将变电站场景模型像素化;然后,基于 Z-buffer 算法高效的像素化计算特性提出了快速模型筛选方法,从而得到变电站场景的子模型遮挡关系;最后,实验中将所得遮挡关系列表并融合现有消隐算法,结果表明本章提出的方法能够大幅提升消隐的运算性能[57]。总体框架流程如图 3-1 所示。

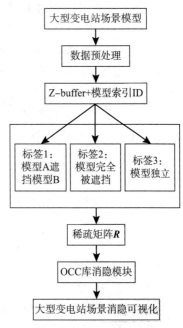

图 3-1　大型变电站场景消隐可视化总体框架流程图

3.2　三维模型快速消隐技术

3.2.1　数据预处理

大型变电站场景网格模型由上万个基本模型构成,且基本模型相互独立,若逐一对每个模型进行运算,不仅耗时长,而且消耗计算机资源,因此,为了使运算效率最大化,需要对输入数据进行数据预处理。具体为:将场景中上万个模型整合为一个由有序数组排列的单个模型,且有序数组中带有原始模型的标签 ID。首先,假设一个大型变电站网格模型由 N 个基本模型构成,其基本构成元素为三维顶点坐标集合 $V=\{V_1,V_2,\cdots,V_i,i=N\}$ 以及三角面片集合 $F=\{F_1,F_2,\cdots,F_i,i=N\}$。在实验中,从算法的时间性能及运算高效性能出发,若将每个基本模型都逐一输入 Z-buffer 算法中运算,尽管能够满足最基本的实验需求,但是其耗费时间和运算资源。因此,需要将大型变电站场景模型中的 N 个基本模型整合为一个模型,换言之,就是将 N 个三维顶点坐标数组 V_i 整合为一个数组 V_{mix},将 N 个三角面片集合 F_i 整合为一个数组 F_{mix}。需要注意的是,在单个模型的三角面片集合 F 中加入了相应模型的顶点索引,因此,在整合时需要参考模型中所有坐标点的索引。具体为:假设顶点坐标集合 V 中顶点数依次为 $n_1,n_2,\cdots,n_i(i=N)$,因此,从 F_2 开始,每个元素需要加上 n_1,同时 F_3 中的每个元素需加上 n_1+n_2,以此类推,$F_N=F_N+n_1+n_2+\cdots+n_{i-1}(i=N)$。由以上过程,处理后的三维顶点坐标集合 $V=\{V_1,V_2,\cdots,V_i,i=N\}$ 以及三角面片集合 $F=\{F_1,F_2,\cdots,F_i,i=N\}$ 依次被存储在集合 V_{mix} 和 F_{mix} 中。

为了标注构成整个场景基本模型的原始模型 ID,在上述数组整合的过程中,在每个三角面片集合的第四列存入该模型的索引 ID,即 $F_i=\{v_a,v_b,v_c,i\}$。这样,三角面片集合与传统三角面片集合不一样的地方便在于:多出了一列用来存储当前模型的原始 ID。假设整个大型变电站场景具有 M 个三角面片,则 F_{mix} 的规模即为 $M\times4$ 的矩阵。经过整合得到的 V_{mix} 和 F_{mix} 在 3.2.4 小节的模型筛选方法中起到至关重要的作用。

3.2.2　透视投影变换

透视投影变换是三维模型与二维图形的纽带,为了让三维模型能以适宜和精准的位置、合适的大小及方向展现出来,必须通过透视投影。对大规模三维变电站场景模型采用简单的一点透视投影。在透视投影变换中,一般被投影模型保持不动,设置一个视点,使得视点在一个球面上移动并能从任意一个角度对三维模型进行投影,给定视点一个局部坐标系,嵌于三维模型所在的世界坐标系内。因此,透视投影变换的关键点在于世界坐标系与局部坐标系之间的相互转换,透过局部坐标系将三维模型投影至指定投影屏幕上。图 3-2 为透视投影变换示例图。

接下来介绍世界坐标系与视点局部坐标系的相互变换过程。

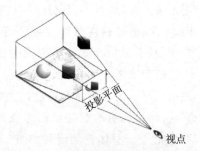

图 3-2　透视投影变换示例图

假设在世界坐标系下视点坐标为 (a,b,c)，其中，T_1 是缩放变换矩阵，T_2 是剪切变换矩阵，T_3 是旋转变换矩阵，T_4 是投影变换矩阵，T_5 是平移变换矩阵。

$$T_1 = \begin{bmatrix} 1 & 0 & 0 & 0 \\ 0 & 1 & 0 & 0 \\ 0 & 0 & 1 & 0 \\ -a & -b & -c & 1 \end{bmatrix} \tag{3-1}$$

令三维场景绕局部坐标系的 X 轴旋转 $90°$，则大规模场景上的点是顺时针旋转 $90°$。

$$T_2 = \begin{bmatrix} 1 & 0 & 0 & 0 \\ 0 & \cos90° & -\sin90° & 0 \\ 0 & \sin90° & \cos90° & 0 \\ 0 & 0 & 0 & 1 \end{bmatrix} = \begin{bmatrix} 1 & 0 & 0 & 0 \\ 0 & 0 & -1 & 0 \\ 0 & 1 & 0 & 0 \\ 0 & 0 & 0 & 1 \end{bmatrix} \tag{3-2}$$

紧接着绕局部坐标系 Y 轴顺时针转 θ 角度，此时 $\theta>180°$，则三维场景顶点旋转 θ 角度。

$$\cos\theta = -\frac{b}{\sqrt{a^2+b^2}}, \quad \sin\theta = \frac{a}{\sqrt{a^2+b^2}} \tag{3-3}$$

令 $s=\sqrt{a^2+b^2}$，则

$$T_3 = \begin{bmatrix} -\frac{b}{s} & 0 & \frac{a}{s} & 0 \\ 0 & 1 & 0 & 0 \\ -\frac{a}{s} & 0 & -\frac{b}{s} & 0 \\ 0 & 0 & 0 & 1 \end{bmatrix} \tag{3-4}$$

令新坐标系绕 X 轴顺时针旋转 α 角度，则三维场景顶点旋转 α 角度。

$$\cos\alpha = -\frac{s}{\sqrt{a^2+b^2+c^2}} \tag{3-5}$$

$$\sin\alpha = -\frac{c}{\sqrt{a^2+b^2+c^2}} \tag{3-6}$$

右手坐标系变为左手坐标系，Z 轴反向。

$$T_4 = \begin{bmatrix} 1 & 0 & 0 & 0 \\ 0 & 1 & 0 & 0 \\ 0 & 0 & -1 & 0 \\ 0 & 0 & 0 & 1 \end{bmatrix} \tag{3-7}$$

令 $t=\sqrt{a^2+b^2+c^2}$，则

$$T_5 = \begin{bmatrix} 1 & 0 & 0 & 0 \\ 0 & \frac{s}{c} & \frac{c}{t} & 0 \\ 0 & -\frac{c}{t} & \frac{s}{t} & 0 \\ 0 & -b & 0 & 1 \end{bmatrix} \tag{3-8}$$

因此得到变换矩阵

$$\boldsymbol{M}=\boldsymbol{T}_1\boldsymbol{T}_2\boldsymbol{T}_3\boldsymbol{T}_4\boldsymbol{T}_5=\begin{bmatrix} -\dfrac{b}{s} & -\dfrac{ac}{st} & -\dfrac{a}{t} & 0 \\[2mm] \dfrac{a}{s} & -\dfrac{bc}{st} & \dfrac{b}{t} & 0 \\[2mm] 0 & -\dfrac{s}{t} & -\dfrac{b}{t} & 0 \\[2mm] 0 & 0 & t & 1 \end{bmatrix} \tag{3-9}$$

设投影平面在视点的观察方向上离视点的距离为 z_s,三维场景的顶点坐标为 (x_w,y_w,z_w),将其变换至视点局部坐标系下,坐标为 (x_e,y_e,z_e),其在投影平面上的坐标为 (x_s,y_s),其中 s、w 和 e 分别为投影平面、世界坐标系和视点的坐标参数,即式(3-10)可以表征视点局部坐标系到屏幕坐标系的转换过程。

$$[x_e,y_e,z_e]=[x_w,y_w,z_w]\boldsymbol{M} \tag{3-10}$$

其中

$$x_e=-\frac{b}{s}x_w+\frac{a}{s}y_w \tag{3-11}$$

$$y_e=-\frac{ac}{st}x_w-\frac{bc}{st}y_w+\frac{s}{t}z_w \tag{3-12}$$

$$z_e=-\frac{a}{t}x_w-\frac{b}{t}y_w-\frac{c}{t}z_w+t \tag{3-13}$$

代入视点坐标系下一点透视投影的变换公式,可得投影平面上的场景坐标 (x_s,y_s),为了简化计算,统一将视点置于大型三维变电站场景的正上方,即顶视图。

$$x_s=\frac{x_e z_s}{z_e}, \quad y_s=\frac{y_e y_s}{y_e}, \quad z_s=z_s \tag{3-14}$$

3.2.3 三维场景像素化

基于上述三维变电站场景的透视投影变换得到投影平面坐标 (x_s,y_s),进一步将大型三维变电站场景模型像素化,像素化的意义在于化繁为简,将三维空间内空间模型的遮挡关系判断转化为二维像素下的空间模型遮挡关系判断,并为随后的模型筛选做好铺垫。

由 3.2.1.1 节可知,大型三维变电站场景数据的表征形式为 mesh,mesh 由顶点和三角面片构成,同时依据三维变电站场景经过透视投影变换得到投影平面坐标 (x_s,y_s) 的整体范围跨度,定义了一个 $m\times n$ 的像素网格。

首先,对于场景中的三角面片 F_{mix},计算第 i 个三角面片 f_i 的轴对齐包围盒(AABB 式包围盒),设三角面片三个顶点坐标为 (v_1,v_2,v_3)。同时定义 $m\times n$ 的行像素索引矩阵 Rows 和列像素索引矩阵 Cols,矩阵定义如下

$$\mathrm{Rows}=\begin{bmatrix} 1 & 2 & \cdots & n \\ 1 & 2 & \cdots & n \\ \vdots & \vdots & & \vdots \\ 1 & 2 & \cdots & n \end{bmatrix} \tag{3-15}$$

$$Cols = \begin{bmatrix} 1 & 1 & \cdots & 1 \\ 1 & 2 & \cdots & 2 \\ \vdots & \vdots & & \vdots \\ m & m & \cdots & m \end{bmatrix} \tag{3-16}$$

针对每个三角面片 f_i,设定其投影所占据的行像素集合为 P_x,列像素集合为 P_y。如图 3-3 所示,三角面片 f_i 投影在像素网格中,其有三个顶点 v_1、v_2 和 v_3,并构成两个向量:$e_1 = v_2 - v_1$ 和 $e_2 = v_3 - v_1$,像素中心点 p 用来表征该像素,其与 v_1 构成向量 $e_3 = p - v_1$。

$$e_3 \cdot e_1 = (ue_2 + ve_1) \cdot e_2 \tag{3-17}$$

$$e_3 \cdot e_2 = (ue_2 + ve_1) \cdot e_1 \tag{3-18}$$

式中:u 表示像素中心点与顶点 v_1 构成的向量 e_3 在向量 e_1 上的投影值;v 表示向量 e_3 在向量 e_2 上的投影值。

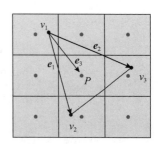

图 3-3 三角形重心

求解上述方程,得

$$u = \frac{(e_1 \cdot e_1) \times (e_3 \cdot e_2) - (e_2 \cdot e_1) \times (e_3 \cdot e_1)}{(e_2 \cdot e_2) \times (e_1 \cdot e_1) - (e_2 \cdot e_1) \times (e_1 \cdot e_2)} \tag{3-19}$$

$$v = \frac{(e_2 \cdot e_3) \times (e_3 \cdot e_1) - (e_2 \cdot e_1) \times (e_3 \cdot e_2)}{(e_2 \cdot e_2) \times (e_1 \cdot e_1) - (e_2 \cdot e_1) \times (e_1 \cdot e_2)} \tag{3-20}$$

解得 u、v 后,若 $0 \leqslant u$,$0 \leqslant v$ 且 $u + v \leqslant 1$,则证明点 p 在三角形内,依次验证三角面片 f_i 包含哪些像素点。对应地,构建一个 $m \times n$ 的矩阵 p_z,其中 z 表示深度,用来存储上述三角面片所在的像素单元,每个像素对应的三角面片在其世界坐标系下的深度值信息,即 $\mathbf{p}_z(i) = z$。

$$w_2 = u, \quad w_3 = v, \quad w_1 = 1 - w_2 - w_3 \tag{3-21}$$

$$z = v_{1z}w_1 + v_{2z}w_2 + v_{3z}w_3 \tag{3-22}$$

3.2.4 模型筛选

将大型三维变电站场景内 N 个模型分标签筛选的前提是将三维场景进行像素化,该部分 3.2.3 节已介绍,前两节已涵盖 Z-buffer 的核心部分,同时搭配每个像素对应的模型索引 ID 便可对模型进行分类筛选。每个像素单元对应的模型索引 ID 依附于每个模型的三角面片,由第 2 章得到的三角面片集合 F_{mix} 可针对性地解决该问题。以下代码将清晰地描述模型筛选过程,该算法的时间复杂度约为 $O(N)$。

算法:模型筛选

```
模型筛选流程(Fmix, Px,Py, u, v,Pz, Z, Z 值集合 zbuffer,模型 ID 集合 fbuffer)
for i = 1→N do
    if vx min(i)<vx max(i)&& vy min(i)<vy max(i)
        Px(i)←i
        Py(i)←i
```

```
for p＝1→length(Pₓ(i))
    F_in_Pixel(i)←Model_ID
end
uᵢ←i
vᵢ←i
if 0≤u && 0≤v && u＋v≤1
    P_z(i)←i
    for j＝1→length(P_z(i))
        if P_z(j)＜zbuffer(P_y(j)＋1)
            zbuffer(P_y(i)＋i,Pₓ(j)＋1)←P_z(j)
            fbuffer(P_y(j)＋1)←i
        end
    end
end
end
end
```

具体为：首先，遍历 f_{mix} 中的每一个三角面片 f_i，若三角面片的包围盒检测后包含了像素点，则将包含的像素点坐标存储在对应数组中，而后遍历该三角面片的包围盒所包含的每个像素点，将模型 ID 存入矩阵 F_in_Pixel 中；其次，针对每个三角面片计算其 u、v 值，判断包围盒囊括的像素点是否在三角形内部，若像素点在三角形内部，则将深度值存入数组 P_z 中，再遍历存有深度值的像素点，选取深度值最大的像素单元，将它们分别对应的深度值信息存入数组 Z-buffer 中，模型 ID 信息存入数组 F-buffer 中；最后，在每个像素单元中得到存有模型 ID 信息的序列，每个投影至该像素的三角面片所对应的模型 ID 都会被存储，最靠前的 ID 对应的是深度值最大的模型 ID，意味着其离屏幕越近，该单元中后面第 $2\sim n$ 个模型 ID 便与第 1 个模型 ID 存在着前后遮挡关系，具体有以下三种关系：

（1）模型 A 遮挡模型 B。若该像素单元的模型 ID 数不小于 2，则存在相互遮挡关系，即第 1 个模型遮挡后面第 $2\sim n$ 个模型。

（2）模型完全被遮挡。先将所有像素单元存储的第 1 个模型 ID 整合，在变电站所有模型中除去整合后模型，剩余模型即为完全被遮挡的模型。

（3）模型独立。若在相当范围内的像素单元中只有该模型 ID，没有出现第 2 个模型 ID，则该模型独立。

模型筛选流程图如图 3-4 所示。

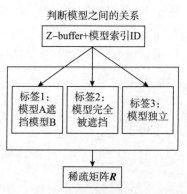

图 3-4　模型筛选流程图

3.2.5　Open CASCADE 消隐算法

为了给工业设计提供所需的精度,Open CASCADE(OCC)提出了去除隐藏线的两种算法:HLRBRep_Algo 和 HLRBRep_PolyAlgo。其中,HLRBRep_Algo 只处理模型本身的消隐与简化,得到的是精确的结果;HLRBRep_PolyAlgo 处理模型多面体的简化,与三角面片的精细程度有关,得到的结果相对较粗糙,但运算速度较快。这两种算法的原理是将要显示的形状的每条边与每个面进行比较,并计算每条边的可见部分与隐藏部分,当该算法对一个模型进行运算时,剔除相应的隐藏边缘,保留可见边,且与提取算法相结合,根据计算结果选择新的简化后的形状,该形状便是当前投影下的可见轮廓线。

Open CASCADE 消隐算法需要满足以下两个条件:

(1) 物体 A 和物体 B 有前后遮挡关系;

(2) 物体 A 与物体 B 在指定投影平面上有重叠部分。

运算的前提是两个模型之间相互有遮挡,若无遮挡关系,则额外消耗运算资源,这也是我们优化该消隐方法的关键点;再者,相互遮挡的另外一个因素为投影方向,投影方向决定了模型与模型之间的遮挡关系。HLRBRep_Algo 和 HLRBRep_PolyAlgo 处理单个较小模型时都展现出不错的消隐结果,且都可以处理任意类型的模型,如组合体、面或线,但也有些约束,如以下情况就未被处理:

(1) 点未被处理;

(2) Z 平面上没有被裁剪;

(3) 无限面或线没有被处理。

HLRBRep_Algo 和 HLRBRep_PolyAlgo 算法在处理大场景的消隐时显得有些力不从心,消隐性能相对糟糕,因此基于此缺陷,提出了相应的模型筛选方法来解决该问题。

3.3　实验结果分析

3.3.1　Open CASCADE 消隐实验

本章选取的是调用 OCC 库中针对三维实体的消除隐藏线(Hidden Line Removal,HLR)算法,其基本算法实现步骤如下。

(1) 输入当前需要参与计算的两个三维模型的三维 TopoDS_Shape() 结构。

(2) 根据当前视点方向设置投影。

(3) 计算这两个模型的前后遮挡关系。若无遮挡关系,则直接分别计算两个模型轮廓线;若有遮挡关系,则首先计算前后遮挡关系,再根据遮挡关系计算当前两个模型的轮廓线。

(4) 计算模型的可见与隐藏线。

(5) 输出提取消隐后的二维 TopoDS_Shape() 结构。

具体的消隐实验流程如图 3-5 所示。可提取的模型元素类型有 Visible/hidden sharp edges、Visible/hidden smooth edges、Visible/hidden sewn edges 和 Visible/hidden outline edges。

特别地,整个 HLR 功能可以被 GPU 实现。在当前视点的消隐运算结束并改变视点后,需要重新光栅化,且光栅化的分辨率与最终绘制的分辨率一致。

其中,图 3-5 中输入数据的模型集已作为稀疏矩阵输入 Open CASCADE 的 HLR 方法中,经过其消隐运算后,得到准确且可视化较好的消隐结果。

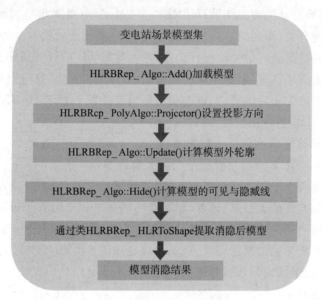

图 3-5　消隐实验流程图

3.3.2　结果分析

1. 变电站局部实验结果

本实验比较了变电站中的变压器在使用 Z-buffer 筛选算法和未使用 Z-Buffer 筛选算法(仅使用 OCC 平台的消隐功能)的两种情形,优化前后结果如图 3-6 所示。

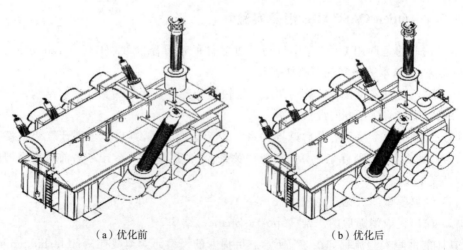

（a）优化前　　　　　　　　　　　　　（b）优化后

图 3-6　优化前后结果图

由图 3-6 可以看出,优化前和优化后的视觉结果差异并不大,其模型消隐结果基本正确,但是计算遮挡次数的运算量大幅减少,消隐运算时间也相应减少,见表 3-1。优化后所需计算模型数量比优化前减少了近百倍,计算遮挡次数缩小至原先的近千分之一。从表 3-1 中的结果可以看出,优化方法不仅剔除了大量多余的遮挡运算,加快了运算时间,同时其本身 Z-buffer 算法的时间性能也较快,其优势在变电站全局实验的结果中将更明显。

表 3-1　变压器使用 Z-buffer 筛选算法优化前后耗时对比

优化对象	优化前/后	模型数量	计算遮挡次数	Z-buffer/ms	总用时/s
变压器 (顶视图)	优化前	342	342×342	—	2.812
	优化后	150	511	406	1.562
变压器 (前视图)	优化前	342	342×342	—	1.89
	优化后	161	301	250	0.891

2. 变电站全局实验结果

如变电站局部实验结果中所述,在使用优化方法之前和之后得到的消隐可视化结果并无多少区别,但是节省了相应的运算资源及时间成本,由于 OCC 强大的运算能力,对于小部件的运算目前体现不了优化方法的性能提升,因此用全局 110kV 变电站场景来测试优化方法对运算性能的提升情况,见表 3-2。

表 3-2　变电站使用 Z-buffer 筛选算法优化前后耗时对比

优化对象	优化前/后	模型数量	计算遮挡次数	Z-buffer/ms	总用时
110kV 变电站 (顶视图)	优化前	13813	13813×13813	—	大于 8h
	优化后	2007	3550	1328	3.203s
110kV 变电站 (前视图)	优化前	13813	13813×13813	—	大于 8h
	优化后	1195	1829	1375	9.094s

由表 3-2 可以看出,优化前后参与运算的模型数量减少至原来的近十分之一,而计算遮挡的次数减少至原来的近十万分之一,运算时间更是由原来的大于 8h 缩短至 10s 以内。由此可见,优化方法对于整个消隐性能的提升十分显著,模型数目越庞大,优化性能的效果越明显;整个变电站场景的数据预处理时间为 263ms。110kV 变电站的全局消隐结果图如图 3-7 所示,左侧为全局线框图(未对线框消隐),右侧为全局消隐图。从展示的结果来看,其消隐结果基本正确。

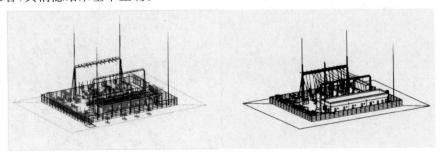

图 3-7　全局消隐结果图

3.4　本章小结

本章针对大规模三维变电站场景模型的消隐提出了基于优化 Z-buffer 筛选算法的线消隐方法。首先,通过数据预处理将变电站场景模型的数据进行整合,构造便于计算的数据结构;然后,经过透视投影变换将场景模型像素化,基于像素化后的模型进一步利用像素及设计的数据结构对模型进行筛选,定位出相互之间的遮挡关系;最后,调用 OCC 库 HLR 方法对整个场景模型完成消隐运算。本章提出的方法适用于任意一个大规模三维场景的消隐实现。尽管提出的方法对消隐算法的性能提升具有一定的效果,但是对于更大规模的变电站场景还无法达到工程上所需满足的时间,暂时还无法与 Bentley 等软件的消隐算法的性能相媲美,相较于国内,在与之相关的成熟算法匮乏的情况下,为该算法的改进提供了新的方向和思路。因此,下一步工作拟将三维场景中模型的线框表示方法直接运用于优化 Z-buffer 算法中,期望不调用 OCC 库 HLR 方法,而是自主设计一个消隐方案来实现消隐功能并提升时间性能。

第4章 三维模型快速剖切技术方案与验证

在如今数字化时代,大规模三维场景的建模和剖切在许多领域中扮演着重要的角色,如游戏开发、虚拟现实和建筑规划等。然而,针对这一挑战性问题,国内尚缺乏成熟且快速的解决方案。为了解决这一问题,实现对大规模三维场景的快速剖切,我们结合前人在三维建模技术方面的研究成果,提出一种创新的方法。这种方法能够对场景模型进行高效的分割、优化和处理,以满足实时渲染和交互的需求。

本章将探索从三维建模技术到快速剖切技术的转变过程,并提出一种高效的三维剖切方案,旨在生成截面视图并提高计算性能。该方案涉及多个阶段,针对每个阶段提出了相应的优化策略,以加快处理速度和提升效率。

4.1 三维模型快速剖切技术方案

基于剖面视图的三维剖切技术在制造业和基于三维模型的医学分析领域得到了广泛的研究。具体来说,Adeli 等[58]提出截面视图可以作为大型结构模型设计优化和可视化的重要工具,简要介绍了剖面视图在土木及基础设施工程领域的研究与应用,总结了三维剖切技术在基于三维模型制造和相关建模分析应用方面的相关研究。

剖面视图一直是工程结构和施工方案设计和分析的重要参考点。Holgado-Barco 等[59]提出了一种处理移动激光扫描系统捕获数据的方法,旨在获得高速公路的几何截面视图。Arias 等[60]利用摄影测量技术收集古代不规则木材的截面特性信息,在此基础上进一步分析几何数据,最终实现对扫描对象的三维重建。Lin 等[61]根据断视图的重要信息,提出了地下基础设施的安全结构形式和施工方法。Karhu 等[62]基于模型的局部视图开发了一种通用的施工过程建模方法,这对于与模型交互的行业从业者来说尤为重要,并被用于施工过程中的调度。Tabarrok 等[63]基于有限元模型研究织物张力结构的优化裁切模式,以连杆长度变化最小为优化目标,采用加权最小二乘法求解优化问题。

Adeli 等[64]使用 LISP 编程语言研究计算机辅助结构设计涉及的大量数值计算问题。这在 Adeli & Cheng[65]使用并行遗传算法研究大型结构优化并在超级计算机上实现时得到了进一步证实。在这种趋势下,Park & Adeli[66]提出了一种用于大型钢结构集成设计的并行高性能计算机体系结构。Adeli & Kamal[67-69]提出了并发、工作量平衡算法和最小存储方案,以实现高效的大型结构分析,如解决空间站模型的桁架和框架问题。Adeli & Kamal[70]通过在 11 个 Encore 处理器上使用并行线程对两个空间桁架实例进行结构分析,实现了提高效率超过 90%。考虑到剖面视图的重要性,Yang 等[71]通过综合考虑体积数据和几何曲面,开发了一种快速剖切有限元模型的方法。

Patel & Peace[72]将 3D 打印定义为对象的数字模型按顺序分层,即逐层制造 3D 对象的过程。陈长波等[73]提出了一种保留适合 3D 打印模型特征的剖切方法,同时考虑了层厚和轮廓信息的重写。基于数字三维剖切,Ligon 等[74]提出了定制化增材制造,不需要模具或加工,逐层构建对象,允许 3D 打印、数字信息存储和通过互联网检索。打印数据信息剖切数据的位置和形状,对确定打印机的 3D 打印方法具有重要意义。任建锋等[75]提出了三步 3D 打印剖切方法,其中关键步骤是对三维模型进行垂直剖切,曲面层与垂直剖面的相交线为正横统计分布的曲线,在切面上形成了均匀的峰谷分布。Chuang & Adeli[76]在 HP X Widget 系统的基础上提出了一种独立设计的 CAD 窗口系统,其中 CAD 窗口系统的数据结构用一个 Widget 类的层次树来描述。该工作表明了数据结构自适应对于 CAD 高效应用的重要性。Boguslawski[77]提出了一种新的拓扑数据结构来表示三维建筑的拓扑,称为双半边(Dual Half-Edge,DHE)结构。在 DHE 的基础上设计一套操作符,用于逐步构建三维模型,并从一个给定点移动到所有连接的面。然而,这种数据结构涉及全网格遍历的计算性能,因此不能应用于大规模三维模型的高效三维剖切。构建分类三角网链表,减少三角形斑块与剖切平面的相交次数,提高剖切轮廓线生成效率。结合二维多边形扫描线填充算法,确定有效打印头路径的非填充区域。金育安等[78]形成了最小壁厚项来确定切削位置和厚度。此外,Bhandari & Lopez-Anido[79]提出了一种融合沉积建模可行(FDMF)剖切方法,以生成适合 3D 打印机的 3D 打印层。其中,FDMF 算法遍历每个三角面,根据每个三角面片的最低点与切割平面的位置关系对切割三角形进行定位。然后,用三角形平面与切割平面的端点坐标值计算出相交线。

刘旺玉等[80]提出了一种用于生物支架制备的自适应直接剖切方法,主要分为四个部分:预处理、厚度自适应处理、直接剖切和后处理。Nelaturi 等[81]提出剖切层代表三维模型的二维实体,在 3D 打印的相应打印层中打印。利用光线表示的布尔简单性、定位性和域解耦特性,Wang 等[82]提出了一种将实体模型的分层深度法向图像(LDNI)实体转换为具有特征保留的多边形网格曲面的并行算法。谭光华等[83]提出了一种 3D 打印剖切层快速生成方法,其中剖切轮廓线生成为关键步骤。构建分类三角网链表,减少三角形斑块与切割平面的相交次数,提高切割轮廓线生成效率。结合二维多边形扫描线填充算法,确定高效打印头路径的非填充区域。Minetto 等[84]提出了用于一系列平行平面的非结构化三角网格模型切片的 OSA 算法。该算法对非结构化三角形集采用了扫面简化和优化策略。首先对各切割平面之间的被切三角形进行定位,然后按顺序排列三角形,最后按此顺序计算交点,形成一条线段。OSA 算法根据线段与两个交点之间的索引关系构建哈希表,最终遍历哈希表,形成一个完整的封闭圆。

2004 年,基于社区发展模型[85]开发了用于图像引导手术的三维剖切平台[86]、脑测绘[87]、虚拟结肠镜检查[88]和医学图像配准[89]。将三维剖切用于定量成像网络,作为图像计算平台的应用已被提出用于临床研究,包括成像生物标志物的开发和验证[90]。此外,三维剖切对于 3D 打印在医学研究中也是至关重要的。为了减少 3D 打印医疗领域的使用障碍和增加临床医生的参与,Cheng 等[91]通过展示个性化气道假体和通过三维剖切的设计,对三维建模和打印进行了初步研究。更重要的是,医学图像分析中的三维剖切可以用于数据可视化。Walter 等[92]提出了三维剖切在细胞到生物的图像数据可视化方面的优势,它可以用于可视化细胞、器官和生物的内部结构,并收集特征基因和蛋白质的大规模系统图像数据。这些技术对于查询、分析和以直观的可视化表示交叉链接数据库是有益的。Pu 等[93]采用了 marching 算法来确定 CT 图像中肺分割的边界,这对于存在胸膜旁结节等疾病的情况是一项具有挑战性的任务。Prager 等[94]提出了一种全新的徒手三维超声系统,该系统通过获取传感器数据来构建三维体素阵列,并使用这些数据实现任意剖切的可视化。三维剖切方法在众多领域已经有了较为广泛的应用,但是针对工业场景中的大规模三维场景的高效剖切方法少之又少,本书也将致力于此,进一步提出高效的剖切方法。

近十年来,随着三维建模技术的发展,大规模三维电力场景设计已被用于生成包含大量顶点的大型三维电力设施模型。如此大规模的数据对高效的数据处理技术提出了更高的要求。二维平面剖切是观察和分析三维模型的基本技术之一。因此,我们提出了一种基于大型三维变电站场景模型的高效剖切方案。具体流程如图 4-1 所示。所提出的剖切方案包括定位被剖切三角面片、计算交点和多边形三角剖分可视化。此外,还引入了一种优化的数据结构,实现了高效剖切方案的并行进行,并整合了现有的三维设计和可视化平台,110kV 大型变电站模型的实验结果证明,所提出的剖切方案具有有效性和高效性。三维模型剖切方案预览如图 4-2 所示。

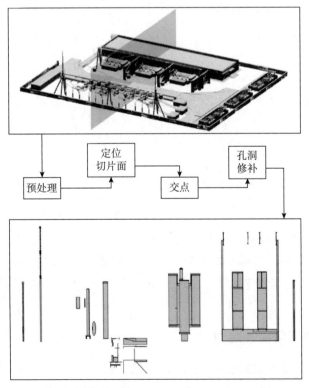

图 4-1　大规模三维电力场景高效剖切方法流程图

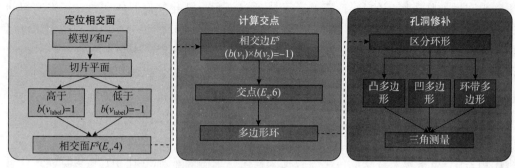

图 4-2　三维模型剖切方案预览

4.2　三维模型快速剖切技术

4.2.1　数据预处理

数据预处理被用来简化三维剖切问题,其可以在数据加载阶段执行。特别地,将剖切平面旋转平移至 XOY 平面,大规模三维场景的剖切问题可以转化为 Z 轴剖切问题。具体为:剖切平面和大规模三维场景可以旋转平移至 XOY 平面,旋转矩阵以及平移矩阵如下:

$$
\text{rotation}(X-\text{axis}): \begin{bmatrix} 1 & 0 & 0 & 0 \\ 0 & \cos\theta & -\sin\theta & 0 \\ 0 & \sin\theta & \cos\theta & 0 \\ 0 & 0 & 0 & 1 \end{bmatrix} \tag{4-1}
$$

$$
\text{rotation}(Y-\text{axis}): \begin{bmatrix} \cos\alpha & 0 & \sin\alpha & 0 \\ 0 & 1 & 0 & 0 \\ -\sin\alpha & 0 & \cos\alpha & 0 \\ 0 & 0 & 0 & 1 \end{bmatrix} \tag{4-2}
$$

$$
\text{translation}(Z-\text{axis}): \begin{bmatrix} 1 & 0 & 0 & 0 \\ 0 & 1 & 0 & 0 \\ 0 & 0 & 1 & d \\ 0 & 0 & 0 & 1 \end{bmatrix} \tag{4-3}
$$

式中: θ 和 α 分别是剖切平面和 X 轴以及 Y 轴的夹角,经过两次旋转变换后,剖切平面和 XOY 平面平行; d 是当前剖切平面到 XOY 平面的距离,将剖切平面再进行一次平移变换后和 XOY 平面重合。大规模三维模型执行相同操作,因此数据预处理转化为 XOY 平面剖切问题。

4.2.2　剖切三角面片定位

本节介绍输入三维模型的被剖切三角面片的定位。为了实现该步骤,首先对输入模型的三维点集的 Z 轴坐标 V_z 加入标签 $b(V_z)$, V_z 的值有三种可能性: $V_z>0$; $V_z<0$;

$V_z = 0$。为了简化计算,对应的标签值只有两种:如果 $V_z \geqslant 0$,则 $b(V_z) = 1$;如果 $V_z < 0$,则 $b(V_z) = -1$。

对于一个给定的三维模型,具有顶点集合 V 以及三角面片集合 F,其中面片集合 $F = \{V_1, V_2, V_3\}$,V_1, V_2, V_3 是三角面片的三个顶点。考虑到四边形的三维模型可以很容易地转换为三角形模型,在不失一般性的情况下,假设所有输入的三维模型都是三角形模型。因此,三角面片上顶点的标签可以表示为: $b(F_i) = (b(V_{1z}), b(V_{2z}), b(V_{3z}))$,其中 b 表示标签,z 表示顶点坐标。因为被剖切三角面片的三个顶点中一定有一个顶点在剖切平面的一侧,另外两个顶点在剖切平面的另一侧(包含顶点在剖切面上的情况),所以被剖切三角面片的定位可以表示为

$$|b(F)| = \left| \sum_{i=1}^{3} b(V_{iz}) \right| = 1 \tag{4-4}$$

由此,被剖切三角形的标签和为 ± 1,其他未被剖切三角形的标签和为 ± 3。剖切平面与三维模型的交点如图 4-3 所示。

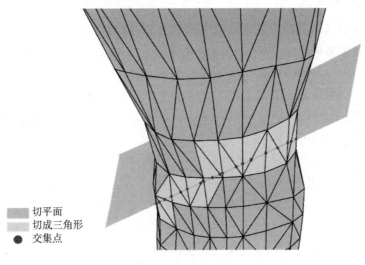

切平面
切成三角形
● 交集点

图 4-3　剖切平面与三维模型的交点

4.2.3　相交点计算

经过 4.2.2 小节的定位方法,被剖切三角面片的定位已完成,现基于定位的三角面片计算相交点坐标。

定义被剖切三角面片集合为 F^s,给定一个被剖切三角面片为 $f = (V_1, V_2, V_3)$,每个顶点对应的标签为 $b(v_1)$、$b(v_2)$ 以及 $b(v_3)$。由式(4-4)可知三角形三个顶点中其中一个顶点是不同于其他两个顶点的,具体为 $V_{1z} > (\text{or} <) 0$、V_{2z}、$V_{3z} > (\text{or} <) 0$;或者 $V_{1z} > (\text{or} <) 0$、V_{2z}、$V_{3z} = 0$。基于该特性假定: $b(v_1) = -1$,$b(v_2) = 1$,$b(v_3) = 1$,由此得到三角形中被剖切的两条边为 $\{e_1, e_2\} = \{(v_1, v_2), (v_1, v_3)\}$,因此整个场景的被剖切边为 $\{E_{int1}, E_{int2}\} = \{(V_{int1}, V_{int2}), (V_{int1}, V_{int3})\}$。其中,$V_{int1}$、$V_{int2}$ 是边 E_{int1} 的两个端点,V_{int1}、V_{int3} 是边 E_{int2} 的两个端点。相交点的计算基于被剖切边来进行,在图 4-3 中可以清晰地

看到相交点。基于相交边的计算如下:假设一个被剖切边为 $e=(v_1,v_2)$,其中 v_1、v_2 对应的坐标为:$v_1=(x_1,y_1,z_1)$,$v_2=(x_2,y_2,z_2)$;相交点坐标描述为:$v_0=(x_0,y_0,0)$,其中 v_0 由下式算得

$$\frac{|v_1 v_0|}{|v_1 v_2|}=\frac{|z_1|}{|z_1|+|z_2|} \qquad (4-5)$$

式中:$|v_1 v_0|$ 和 $|v_1 v_2|$ 为两个边的长度。

相交点坐标为

$$v_0=\frac{|z_1|}{|z_1|+|z_2|}v_2+\frac{|z_2|}{|z_1|+|z_2|}v_1 \qquad (4-6)$$

因此,将每一个三角形的两个交点作为边连接起来,然后根据相交边的邻域进行交点连接,从而在相交平面上形成多边形环。值得注意的是,一个环是一个交点序列,其中每两个相邻的点对应于三角形的两个交点。

4.2.4 三角化

由 4.2.3 小节已经得到了相交后的一组闭合环,用剖切方法继续填充多边形的环。根据我们对三维电力模型的一般认识,在开发现有的三维设计和可视化平台时,有三种类型的多边形:凸多边形、凹多边形以及环带多边形。

本节提出了一种区分环带多边形与凸多边形或凹多边形的单环方法。一个闭环 R 的点集集合为 $P=\{p_i,i=1,\cdots,p\}$,其中 $|p|$ 是闭环点个数。一般而言,每条相交边的法线可以看作对应相交点的法线,法线表示为 $\boldsymbol{p}_{ln}=1/2(\boldsymbol{v}_{1n}+\boldsymbol{v}_{2n})$,其中 $\boldsymbol{v}_{1n}$ 和 $\boldsymbol{v}_{2n}$ 为三角形一条线段的两个端点的方向向量,闭环所有点的平均值为中心点 p_c,因此向量 $\boldsymbol{p}_{ln}$ 和 $\boldsymbol{p}_l\boldsymbol{p}_c$ 的点乘可表示为

$$\boldsymbol{p}_{ln} \boldsymbol{\cdot} \boldsymbol{p}_l\boldsymbol{p}_c=|\boldsymbol{p}_{ln}||\boldsymbol{p}_l\boldsymbol{p}_c| \boldsymbol{\cdot} \cos\beta \qquad (4-7)$$

式中:β 为向量 $\boldsymbol{p}_{ln}$ 和 $\boldsymbol{p}_l\boldsymbol{p}_c$ 的夹角,β 可由下式算得

$$\beta=\cos^{-1}\frac{\boldsymbol{p}_{ln} \boldsymbol{\cdot} \boldsymbol{p}_l\boldsymbol{p}_c}{|\boldsymbol{p}_{ln}||\boldsymbol{p}_l\boldsymbol{p}_c|} \qquad (4-8)$$

经式(4-8)计算出夹角 β 后,规定:若 $\exists i,\beta_i<\pi/2$,则 R 为内环,表明还存在一个相应的外环。在实际场景中,建筑信息模型(Building Information Modeling, BIM)在设计完成后,需要进行碰撞检测,不允许嵌入交叉环带。因此,为了简单起见,可以通过寻找中心点离内环最近的环来识别外环。图 4-4 为识别内外环示意图。

在得到相交的多边形环后,剖切方案继续进行多边形三角剖分的可视化计算和操作。在实际应用中,有三种类型的多边形:凸多边形、凹多边形和环带多边形。鉴于三角剖分对于绘制多边形的重要性,以及不同的几何拓扑结构,三种类型的多边形三角剖分算法如下。

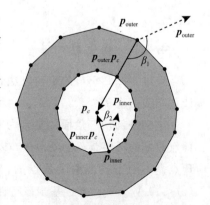

-----▶ :交点的法线

———▶ :中心点与交点的向量

图 4-4　内外环识别

1. 凸多边形

对于凸多边形的三角剖分,使用经典 Delaunay 三角剖分算法[95]和剪耳算法[96]进行比较。Delaunay 算法根据圆的特征进行三角剖分,并将最小角度最大化,得到三角形网格。剪耳算法是基于双耳定理:任何有超过三个顶点而没有洞的多边形都至少有两个"耳朵"或三角形,每一个都有两个边作为多边形的边。基于这一定理,剪耳算法遵循一个过程,找到这样的耳朵,从多边形中删除耳朵,并重复这一过程,直到只剩下一个三角形。

比较两种算法,Delaunay 三角剖分算法的复杂度为 $O(n\log n)$(n 表示顶点数),剪耳算法为 $O(n^2)$。对于具有 26 个顶点的凸多边形,Delaunay 算法和剪耳算法的计算时间分别为 0.4ms 和 0.7ms。此外,Delaunay 三角剖分算法具有以下优点。

(1)每个三角形由三个最近的点组成,无论起点是谁,三角剖分结果一致。

(2)如果任意两个相邻三角形形成对角线可互换的凸四边形,则这两个三角形的最小角不会变大。

(3)将三角剖分中每个三角形的最小角度按升序排序后,Delaunay 三角剖分返回最大的角度。

(4)添加、删除和移动顶点只会影响相邻的三角形。

两种算法的三角化结果对比如图 4-5 所示。因此,使用 Delaunay 算法对凸多边形做三角化。

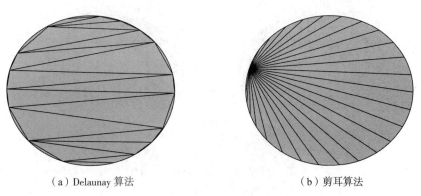

（a）Delaunay 算法　　　　　　　　　　　　（b）剪耳算法

图 4-5　两种三角化方法结果对比

2. 凹多边形

在本节中,使用 Hertel-Mehlhorn 算法[97]和 Monotone 算法[98]对凹多边形三角剖分进行比较。Hertel-Mehlhorn 算法可以从一个随机的三角形多边形开始,然后递归地删除一个弦,但只生成凸块[97]。此处,删除是否会生成非凸片,可根据连接的弦和边局部判定。Monotone 算法[98]递归地把一个多边形分成多个单调的子多边形,然后对单调的子多边形进行三角化处理。Hertel-Mehlhorn 算法和 Monotone 算法的时间复杂度分别为 $O(n)$ 和 $O(n\log n)$。

在比较的过程中,Monotone 算法产生的三角形又长又小。相反,Hertel-Mehlhorn 凸分解算法是基于对角线策略,既简单又高效,结果不到最小凸块数的 4 倍。此外,所得到的三角网格的分布也是最优的。最后,采用 Hertel-Mehlhorn 算法和 Monotone 算法对 9 个顶点的凹多边形进行三角剖分,分别耗时 0.2ms 和 0.4ms。两种算法的三角化结果对比如图 4-6 所示。因此,选择 Hertel-Mehlhorn 算法作为凹多边形的三角剖分方法。

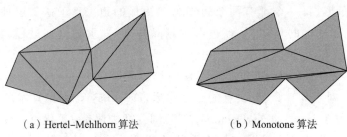

（a）Hertel-Mehlhorn 算法　　　　　　（b）Monotone 算法

图 4-6　两种三角化方法结果对比

3. 环带多边形

对于带有环和孔的环带多边形,使用 Delaunay 算法[95]和 Monotone 算法[98]进行比较。Monotone 算法虽然可以解决任意多边形的三角剖分问题,但 Delaunay 算法更可取,因为三角形分布更均匀、更美观。采用 Delaunay 算法和 Monotone 算法对 26 个顶点的环带多边形进行三角剖分的时间分别为 1.1ms 和 1.3ms。两种算法的三角化结果对比如图 4-7 所示。因此,本研究选择 Delaunay 算法进行环带多边形的三角剖分。

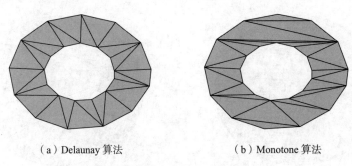

（a）Delaunay 算法　　　　　　（b）Monotone 算法

图 4-7　两种三角化方法结果对比

整体算法的代码如下:

大规模三维变电站场景高效剖切算法

程序输入数据(V_i, i = 1, 2, $\cdots$, n, F_j, j = 1, 2, $\cdots$, m)

Loading Models: V(size: n×3), F(size: m×3)

STAGE1: Pre-processing

Rotation(X-axis): R_X

$V_{R_{X\text{-axis}}}$ = V · R_X

Rotation(Y-axis): R_Y

$V_{R_{Y\text{-axis}}}$ = $V_{R_{X\text{-axis}}}$ · R_Y

Translation(Z-axis): T_Z

$$V_{T_{Z\text{-axis}}} = V_{R_{Y\text{-axis}}} \cdot T_z$$

```
STAGE2:Locating Intersected Faces
for i = 0→n do
    if  V_iz≥0 then b(V_iz) = 1
    else
        b(V_iz) = - 1
    End if
End for
STAGE3:Computing Intersected Points
for j = 1→m do
    if | b(F_j) | = | Σ(i=1 to 3) b(V_kz) | = 1 then
        F_new ◀—F_j
    End if
        Calculating the intersected points by Eq. 5 and Eq. 6
End for
STAGE4:Hotel Fillings
Convex polygon:Delaunay algorithm
Concave polygon:Hertel-Mehlhorn algorithm
Ring-belt:Delaunay algorithm
End procedure
```

4.3　三维模型快速剖切技术性能优化策略

为了进一步提高所提出的剖切方案的计算效率,从以下两个方面进行优化:①优化数据结构,以适应提出的算法;②使用图形处理单元(GPU)实现并行处理大量数据的多线程运算。

4.3.1　数据结构优化

首先,一个大型三维电力场景可由 N 个基础模型构成,其顶点集合可表示为 $V = \{V_1, V_2, \cdots, V_i, i = N\}$,三角面片集合可表示为 $F = \{F_1, F_2, \cdots, F_i, i = N\}$。在本实验中,循环导入带有 V 和 F 的大型三维电力设施模型到算法中。由于矩阵中是顺序存储,CPU 必须按顺序缓存每个矩阵。因此,CPU 的顺序矩阵存储需要大量的时间来完成数据加载。其次,当所有的数据集合合并成一个数组时,不需要循环操作来重复缓存地址,整个数组可以一次存储在一个连续的地址单元中,这节省了 CPU 的缓存时间。因此,有利于将数组 V 以及 F 合并成一个数组。其中,F_i 包含了相对应模型的索引,合并时需将索引值存入数组中,合并过程中的策略如下:第二个模型的三角面片集合 F_2 对应的顶点索引需加上第一个模型的顶点个数 n_1,即 $F_2 = F_2 + n_1$,以此类推,$F_3 = F_3 + n_1 + n_2$,$F_N = F_N + n_1 + n_2 + \cdots + n_{i-1}$,经过这样整合 N 个模型构成的 $V = \{V_1, V_2, \cdots, V_i, i =$

$N\}$ 以及 $F=\{F_1,F_2,\cdots,F_i,i=N\}$ 便分别合并到了新矩阵 $\boldsymbol{V}_{\mathrm{mix}}$ 和 $\boldsymbol{F}_{\mathrm{mix}}$ 中。

4.3.2 并行策略

在所提出的剖切算法中,算法包含了简单和复杂的操作。简单的 CPU 操作在提高大规模数据执行的时间效率方面将受到很大的限制。然而,对于大规模的矩阵运算和复杂运算,GPU 并行计算有很大的潜力。本节采用并行计算中的统一计算设备架构(Compute Unified Device Architecture,CUDA)实现所提出的剖切方案,以提高剖切算法的时间效率。

4.2.2 小节提出了定位三角面片方法,4.2.3 小节提出了计算相交点算法,这两种方法都涉及大量的矩阵运算,因此使用 GPU 并行优化策略来完成对应的矩阵运算。如图 4-8 左侧所示,两种操作的 GPU 并行优化算法流程描述如下。

(1) 将数组 V 和 F 分配 GPU 数组空间。

(2) 使用 GPU 并行操作,根据 Eq3-4 定位相交三角形。

(3) 将 Eq3-5 和 Eq3-6 中求交点的矩阵计算转换为 GPU 数组,并通过并行运算计算交点坐标。

(4) 返回 GPU 与 CPU 并行计算的相交点集坐标。

通过 4.3.1 小节的数据结构优化,可以简化 GPU 并行计算。

(1) 在处理 CPU 并行计算之前,数组需相互传递,输出的矩阵需要被传递给 CPU。CPU 与 GPU 之间的矩阵传输计算量较大,然而,4.3.1 小节中介绍的将数据结构合并到一个矩阵中,可以节省 CPU 和 GPU 之间的多个矩阵传输时间。

(2) 虽然 CPU 的单核计算能力强于 GPU,但 GPU 具有多线程处理大规模数据的优势。通过 4.3.1 小节对大尺度矩阵的优化,GPU 并行计算的多线程处理明显提高了剖切方案的性能。

4.3.3 CUDA 优化策略

本节将介绍利用 CUDA 计算交点。CUDA 的优势在于,它可以在 GPU 上生成数千个线程,解决大部分单调重复的计算问题。这些线程在 GPU 内被激活且并行执行程序,以实现高性能计算。在分解复杂重复问题时,应减少问题的大小,保持解决过程不变,使每个线程结束后的返回值都是问题解决方案的一部分。并行计算结束后,所有线程解的集合就是整个问题的解。如图 4-8 右侧所示,本章提出的 CUDA 并行设计算法流程描述如下。

(1) 分配内存给 GPU 存储交点坐标数据。

(2) 将相交点坐标数据 p 由 CPU 同步传输给 GPU。

(3) 将内核加载到 GPU,并分配 n 个线程块。

(4) 每个线程块预先设置 m 个线程,计算交点坐标 p 的 x、y 和 z 三个坐标的二次方和,标记该点的信息。

(5) 将数组 p 从 GPU 同步到 CPU。

(6) 释放分配给 GPU 的内存。

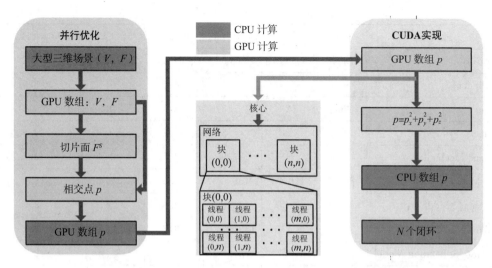

图 4-8 基于 GPU 的大型三维基础设施模型剖切计算优化流程图

(7) 搜寻集合 p 中的 N 个闭环。假设集合 p 中有 N 个闭环,则搜寻闭环的算法步骤如下。

① 在集合 p 中随机选取一个点作为起点,根据交点的两两相邻关系取下一个点,并保存搜索的点。

② 按照邻接顺序搜索,直到找到最后一个点为起点,这样就确定了一个完整的环。

③ 从集合 p 中随机选择一个未遍历的点作为新环的起点。

④ 重复步骤 b)和 c),直到 p 中的所有点都包含在环中。

4.4 实验结果分析

4.4.1 快速剖切技术实验

本节介绍了采用三维剖切方案的变电站模型的剖切算法性能和剖面视图结果。该方法是在具有 2.2GHz CPU 和 8G 内存的机器上实现的。4.4.1 小节介绍了实验数据、剖切模型的效率以及展示剖切的剖面图结果,性能优化评估的结果将在 4.4.2 小节中进一步展示。

表 4-1 展示了用于此实验的实验数据,包括:马、骆驼、人和猩猩是合成的具有密集顶点和面(三角形)的大型三维生物模型;圆柱、圆环、立方体和混合模块为大型变电站模型中的基本组件;四种民用模型;民用住宅的多层切片;大型变电站包含了 13371 个基本模型,由 9947892 个顶点和 3255510 个三角面片构成。

表 4-1 本章方法与对比方法 FDMF、OSA 在不同模型下的剖切时间结果

Models	V/个	F/个	FDMF/ms	OSA/ms	Ours CPU/ms	Ours GPU/ms
Horse	8431	16858	85.1	19.5	0.5	3.8
Camel	21885	43778	93.8	31.2	0.9	4.4
Human	15007	29999	92.8	24.6	0.6	82

Models	V/个	F/个	FDMF/ms	OSA/ms	Ours CPU/ms	Ours GPU/ms
Gorilla	15006	29999	92.5	29.4	0.6	4.2
Cylinder	900	300	7.1	4.5	0.2	3.5
Ring	660	220	1.3	1.4	0.3	3.2
Cube	96	288	1.3	1.2	0.1	3.2
Mixed Mechanic	1044	348	47.9	3.9	0.3	3.6
3D Manifold Models	60329	120634	488.0	102.5	11.1	10.6
Mechanic Models	2700	1156	181.0	9.8	1.5	3.5
Mixed Models	32020	612.4	1337.3	78.6	2.5	3.7
A large Substation Model	1160349	325374	736.7	191.7	81.8	22.8
Mega 3D Substation Model	9947892	3255510	6316.0	1643.4	701.5	195.8

为了验证所提出的三维剖切方案,与 FDMF 方法[79] 和 OSA 方法[84] 进行比较,也可以将三维模型剖切为分层。FDMF 是一种使用复杂数据结构定位相交三角形面并计算截面积的算法。OSA 是一种用于通过一系列平行平面剖切非结构化三角形网格模型的算法。而采用不同剖切方法的相交多边形得到的结果是相同的,本实验着重于对这些方法的效率进行评价。对于表 4-1 中的每一个数据,使用本章提出的方法和 FDMF 方法计算五个平面的剖切,表中显示了每个模型剖切的平均时间。反复执行 FDMF 和 OSA 的算法来计算五个平面截面积。可以看出,本章提出的剖切算法在顺序上的平均效率比 FDMF 方法高出数百倍。FDMF 算法和 OSA 算法的时间复杂度分别为 $O(n^2)$,$O(n)$,所提出方法的时间复杂度为 $O(n)$,其中 n 为三角面片的个数。在比较的基础上,通过制定最优的剖切策略来简化和优化剖切问题,并设计了一种高效的数据结构。另外,FDMF 算法包含了很多冗余操作,OSA 算法没有对数据结构进行优化设计。

对于表 4-1 中的单个三维模型,本章提出的剖切算法 CPU 版本比 GPU 优化版本运行时间要短。这是因为并行实现的通信需要额外的时间成本,这对于小的输入数据来说更耗时。然而,对于整个大规模三维电力场景模型,本章提出的 GPU 优化版本运行时间为 195.8ms,明显优于 CPU 处理的时间 701.5ms。本章算法在 CPU、GPU、FDMF 和 OSA 算法的时间性能对比如图 4-9 所示,得出结论如下。

(1) 所提出的 CPU 和 GPU 实现的剖切算法的效率明显高于 FDMF 和 OSA 方法。

(2) 当输入数据包含超过阈值顶点时,GPU 实现的通信成本就会变得不那么重要。因此,所提出的剖切算法的并行计算比 CPU 实现的效率更高。

此外,所提出的剖切方法已被应用于某一网格动画序列做进一步评价。具体来说,网格动画序列是一个 32 帧的大象动画网格,每帧有 42321 个顶点和 84638 个面片。对于模型的每一帧,我们设置了四个剖切平面进行剖切。在 CPU 和 GPU 实现中,使用本章方法在帧数递增的情况下,四个剖切平面的平均时间如图 4-10 所示。可见,使用并行版本的 CUDA 实现可以显著提高剖切效率。

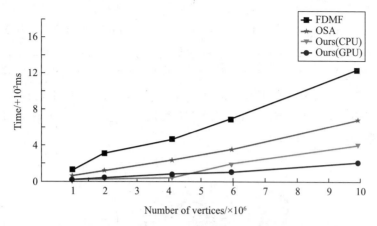

图 4-9　所提出的算法 CPU、GPU 实现与 FDMF[79]、OSA[84] 方法时间对比

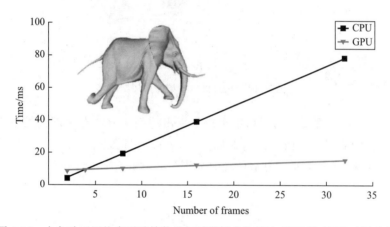

图 4-10　大象动画网格序列随帧数增加时所提出的算法 CPU 及 GPU 时间对比

　　为了评估所提出的剖切方案的有效性,输入不同的三维模型进行验证。在图 4-11～图 4-13 的每一个剖切结果中,所有的模型都在同一时间与同一剖切平面相交。

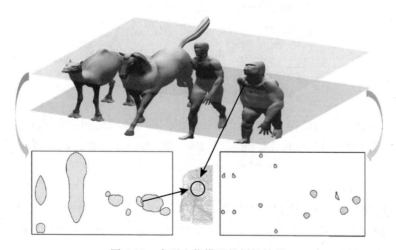

图 4-11　大型生物模型的剖切结果

图 4-11 显示了人类和动物的大型 3D 模型的剖面视图结果。该模型的顶部剖切平面上运行时间为 5.6ms，底部剖切平面上运行时间为 5.5ms。相比之下，FDMF 算法耗时分别为 251.8ms 和 236.2ms，OSA 算法耗时分别为 50.3ms 和 52.2ms。

此外，本章还利用简单几何模型对所提出的剖切算法进行了评价。图 4-12 显示了几何机械模型的剖面视图结果。所提出的剖切方法在顶部剖切平面上运行时间为 0.8ms，在底部剖切平面上运行时间为 0.7ms。FDMF 算法耗时分别为 89.8ms 和 91.2ms，OSA 算法耗时分别为 4.7ms 和 4.9ms。

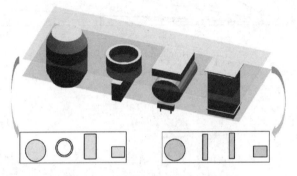

图 4-12　几何机械模型的剖切结果

图 4-13 为混合三维模型的剖切结果。所提出的剖切方法在顶部剖切平面上运行时间为 1.3ms，在底部剖切平面上运行时间为 1.2ms。相比之下，FDMF 算法的耗时分别为 678.4ms 和 658.9ms，OSA 算法的耗时分别为 38.3ms 和 40.3ms。

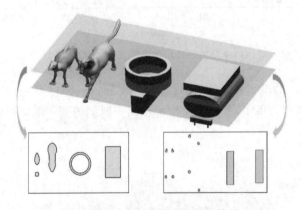

图 4-13　混合三维模型的剖切结果

此外，为了评估模型的剖切效率，图 4-14 显示了四种民用模型的剖切结果。四个模型的剖切时间分别为 17.4ms、21.6ms、17.8ms 和 17.7ms。相比而言，FDMF 算法耗时分别为 516.2ms、203.4ms、197.7ms 和 185.9ms，OSA 算法耗时分别为 95.6ms、43.7ms、39.5ms 和 31.8ms。

在实际应用中，民用住宅建筑的剖切是很常见的。图 4-15 为五个平行平面对住宅建筑进行均匀剖切的结果。五个剖切平面的平均时间为 18.3ms。相比之下，FDMF 算法耗时 636.7ms，OSA 算法耗时 78.3ms。

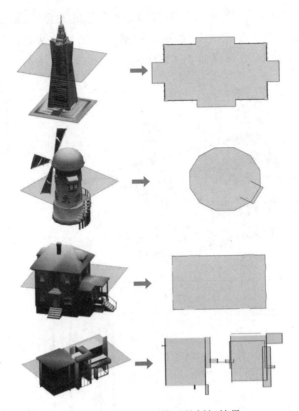

图 4-14　四种民用模型的剖切结果

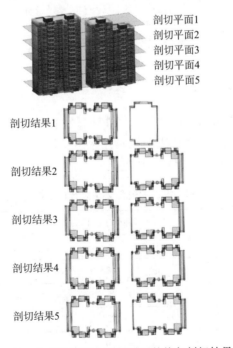

图 4-15　住宅建筑五个剖切平面的均匀剖切结果

最后,使用具有 9947892 个顶点和 3255510 个面片的大型三维电力场景模型对剖切方案进行评估,剖面图结果如图 4-16 所示。所提出的剖切方法耗时 701.5ms,而 FDMF 方法耗时 6316.0ms,OSA 方法耗时 1643.4ms。

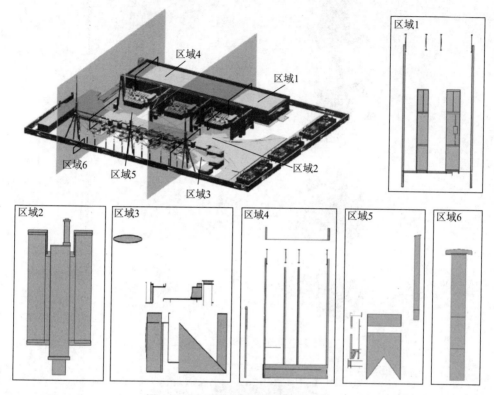

图 4-16 大型三维电力场景的剖切结果

4.4.2 结果分析

在本小节中,使用并行实现的计算优化性能展示了具有 9947892 个顶点和 3255510 个面片的大规模三维电力场景模型数据的实验结果。

提出的剖切算法并行前后时间对比见表 4-2。

表 4-2 提出的剖切算法并行前后时间对比

优化算法	Sequential/ms	Parallel/ms
数据结构优化	701.5	393.9
GPU 优化	186	17.9
CUDA 优化	254.8	177.9
总时间	701.5	195.8

数据结构的优化:在数据结构优化之前,剖切算法在一个循环中依次导入所有三维模型,总时间为 701.5ms。而采用 4.3.1 小节所述的数据结构优化方法,矩阵合并后算法的

执行时间为 393.9ms,时间减少了 43.85%。

定位三角面片以及计算相交点坐标的并行优化:对于本章提出的剖切算法中的定位三角面片和计算相交点方法,CPU 执行时间为 186.0ms。基于 4.3.2 节提出的优化方法,通过 GPU 并行计算将时间缩短到 17.9ms。

CUDA 优化:寻找相交点集 p 包含的所有闭环,CPU 计算时间为 254.8ms,而 4.3.3 小节所述的 CUDA 优化执行时间为 177.9ms。

最后,并行优化后的总计算时间为 195.8ms,明显低于 CPU 处理的时间 701.5ms。

4.5　本章小结

本章提出了一种高效的大规模三维场景模型剖切方案[16],该方案对大型三维变电站场景的设计和分析具有重要意义。一般来说,剖面视图可以在任意给定的剖切平面上显示大型三维基础设施模型的细节。例如,一个剖切平面可以提供一个机会来感知被封闭在更大的三维对象中的三维模型的正确性。在该剖切方案的预处理阶段,将输入的大规模三维电力场景中的所有模型集成一个仅包含一个顶点列表和相应三角剖分的单一数据表示。然后,通过确定每个三角形在剖切平面两侧是否存在顶点,可以有效地确定剖切平面与三维模型之间的被剖切三角形。在计算出精确的交点后,用三角剖分法将孔洞填满,以实现可视化。此外,本章还针对剖切方案的各个阶段提出了性能优化策略,以提高计算性能。在不同的大型三维场景模型数据上进行实验,通过与最新方法的比较,包括 FDMF 方法[79]和 OSA 方法[84],证明了所提出的三维剖切方案的有效性。在未来的工作中,本研究的成果可整合到网上建筑信息模型平台。一方面,这样的应用程序将对计算性能提出进一步的挑战;另一方面,在线实施将进一步拓宽应用,并直接为相关行业做出贡献。

第5章 三维动画压缩技术优化算法与验证

随着图形学技术的发展,三维模型被广泛应用于图形和仿真应用中,用来逼近三维物体。由于三维技术所构建的模型越来越逼真,在此基础上生成的三维动画也开始被越来越多的用户所喜爱,被广泛地应用在建设工程、教育、医学、电影和虚拟现实等领域。正是由于三维模型快速发展,人们对于传输由此生成的三维动画的需求也显著增加。此外,随着各种先进的建模工具和许多复杂的扫描设备的出现,对于更真实、复杂的场景,模型也变得越来越大,呈现出数十万或数百万个顶点和三角面片组成的高度精细的三维模型,给三维动画的传输带来了很大的挑战。

以建设工程领域为例,使用三维建模构建基坑、隧道等建筑信息模型,将工程项目在勘察、设计、监测和施工等阶段产生的工程数据集成在一个三维模型中,可以被工程的所有参与方使用。在三维模型基础上加上时间维度,利用有限元分析软件进行施工模拟,生成三维动画,可以将工程计划与现场施工情况便捷直观地呈现出来,供相关人员参考施工,加快工程进度,对整个项目的推进产生积极的影响。但是由于复杂模型的几何数据急剧增加,生成这样的三维动画需要占据大量的存储空间,计算机功耗大,这给三维动画的运算、传输和显示带来很大压力。事实上,这样的问题在很多领域都存在,因此三维动画的压缩技术已经成为一个迫切需要研究的课题,具有重大的现实意义。

5.1 三维动画技术介绍

随着动画制作技术和三维呈现技术的迅猛发展,三维网格动画数据的有效压缩算法已越来越多地用于虚拟现实、游戏等领域,尤其是需要远程传输、显示和存储动画数据的多媒体系统中。研究面向多样数据的动态网格序列压缩算法已成为计算机图形学界的重要课题。

三维动画的每一帧都是由三维模型组成的。三维模型可以分成顶点、边、面和三维单元等元素。顶点是三维模型的基本元素,它们在一个普通的三维笛卡儿空间中定义了所处位置;边是连接网格的两个顶点的线段;面是由边的闭合路径形成的多边形;三维单元是由其边界定义的多面体,是由选定的面形成的封闭曲面。具体如图5-1所示。

三维模型中包含的信息通常分为三类。

(1)几何信息:即三维模型的每个顶点在三维笛卡儿空间中的位置。

(2)连接信息:描述三维模型元素之间的关联关系。

(3)可选属性信息:将颜色、法线和纹理坐标等离散属性关联到应用的三维模型元素。

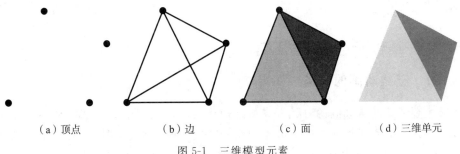

| （a）顶点 | （b）边 | （c）面 | （d）三维单元 |

图 5-1　三维模型元素

　　作为计算机图形学、多媒体数据编解码等多学科交叉领域，三维网格序列压缩问题具有较强的综合性。与图像、视频等传统多媒体技术理论相比，三维网格的相关研究受到三维采集技术发展限制，因而出现得较晚。Deering[99]发表了第一篇压缩三角网格几何数据的论文，而由静态网格组成的三维动态网格序列的压缩是更为"年轻"的研究课题。在之后的发展中，研究首先涉及三维静态网格的获取[100]、识别[101]、编辑[102]和压缩[103]等多个方面，之后逐渐出现关于三维网格序列的相关研究，主要集中在生成[104]、识别[105]和压缩[106]。一个三维网格往往同时包含了拓扑信息、几何信息及属性信息三种主要信息[107]。其中，拓扑信息主要用于描述网格顶点和面片等元素之间的连接关系；几何信息由网格中所有顶点的坐标构成；属性信息记录了附着于网格上的其他信息，比如法向量、纹理坐标以及颜色等。三维动画压缩工作主要关注几何信息，而采用固定的拓扑信息。目前，本章关于三维动画的压缩研究工作主要从以下两条主线展开：

　　（1）采用经典的压缩方法直接对完整的动画数据进行压缩。这类方法重点在于将动画数据转换成视频[108]或者频域内的表示[109]。基于完整动画数据的压缩方法不会对动画进行时域或空域上的分割，而是直接对动画数据的紧凑表示进行处理，将三维动画数据转换为其他表现形式，如将三维坐标从空域转换到频域[110]，以达到压缩的目的。因此，很多经典的压缩方法可以被直接应用于动画数据上[111]，但是该类方法需要首先得到完整的动画数据，故并不支持渐进式压缩。

　　（2）采用基于时域分割、空域分割或者时空分割的压缩方法。时域分割重点在于通过降低动画时间上的冗余来获得更高的压缩效果，对于动作循环出现或者重复出现的动画具有较好的压缩效果。该类方法首先在时间上对动画数据进行聚类，然后对同一类别的数据帧进行处理后压缩[112]。动画时域压缩效果取决于时域分割有效性，包括剔除相邻数据帧之间的冗余和多间隔数据帧之间的冗余。空域分割方法尝试理解模型各部分的语义关系，如人体动作的肢体运动，然后基于语义关系对模型进行分割[113]，属于同一语义的顶点在时域上的轨迹也具有较高相似性，即可通过对空间轨迹的分析得到对顶点的聚类，降低动画数据的空间冗余[114]。之后对于空域分割进行时域上的累积，使用有损或者无损压缩算法处理数据块，达到压缩的目的。因此，一些较为成熟的三维网格模型的分割方案可直接应用于三维动态序列的压缩上，但是此类方法的重点依旧在空域分割，并不是时空分割。只有少数方法有机结合了时空分割，但是时空分割存在明显的先后顺序，或仅在单个顶点层面利用拓扑关系和前后帧的对应顶点进行预测[115]，真正结合时空分割的方法较少。

5.2 三维动画的分类与压缩

5.2.1 三维动画的分类

本节主要讨论三维动画的分类方式和结构化表示。区别于缺乏真实感的二维动画，三维动画是随着计算机性能发展而诞生的意向新兴动画类型，实则是一种三维预渲染回放技术[116]，其增强了立体感和空间感，不再局限于上下左右的运动效果[117]。从帧的速率角度，三维动画可以分为关键帧动画（Key-Frame Animation）和逐帧动画（Frame by Frame Animation）；从动画数据的生成角度，三维动画可以分为骨骼动画、点云动画以及网格动画[118]，点云动画和网格动画的区别在于是否构建每帧顶点间的拓扑关系。本章主要关注三维网格动画的压缩，因此从动画数据的表现上，以动画数据从何而来为分类标准，分为关键帧动画、骨骼动画和网格动画，如图 5-2 所示。

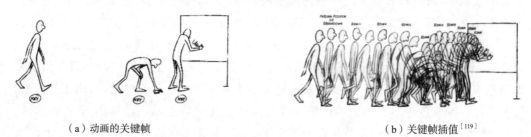

（a）动画的关键帧　　　　　　　　　　　　　（b）关键帧插值[119]

图 5-2　关键帧动画

1. 关键帧动画

关键帧技术是计算机动画中最基础且运用最为广泛的技术[120]，可用于提取表示重要运动信息，实现对三维动画序列的摘要表示。由温瑟·麦凯（Winsor McCay）制作的《小尼莫》和华特·迪士尼（Walt Disney）等动画界先驱人物创作的卡通片可以看作现在关键帧动画的起源。通过定义关键帧来指定动画的起始状态和结束状态，然后系统会根据这些关键帧自动生成中间帧，从而形成流畅的动画效果。在关键帧动画中，动画效果是通过在不同的关键帧上设置不同的属性值来实现的。动画的起始状态和结束状态由关键帧指定，而中间的过渡状态由系统自动计算得出。这种方式可以有效减少动画制作过程中的工作量，提高制作效率。关键帧动画可以应用于各种形式的动画制作，包括传统的手绘动画、计算机生成的动画和游戏开发中的角色动画等。通过设置适当的关键帧和调整关键帧之间的插值方式，可以实现各种各样的动画效果，包括平移、旋转、缩放和形状变化等。自 20 世纪初期以来，关键帧动画生成技术并不存在太大变化，有所改变的是三维软件使关键帧技术更容易完成，使得更多的画师可以学习使用三维软件并简单、快捷地制作三维动画。

随着计算机图形技术的发展，现代的动画制作往往采用更高级的技术，如骨骼动画、物理模拟等。然而，关键帧动画作为一种简单而有效的技术仍然被广泛应用于动画的生成过程中[121]，通过对中间帧的插值得到完整动画序列。如图 5-2 所示，关键帧的概念在传统卡通动画制作中已经存在。动画片中的关键画面,即关键帧由主动画师负责设计制作,然后由助理动画师制作填充关键帧之间的剩余部分(也称中间动画)画面。在计算机三维动画中,助理动画师的职能被计算机取代,美术人员提供计算机所需的关键帧数据,计算机自动生成中间动画。关键帧动画允许动画在时间轴上的某个点达到一个以上的目标值。换句话说,限定相邻的两个关键帧作为一小段动画首尾,通过启用不同的插值逻辑,可以生成不同的关键帧动画[122]。常用的插值逻辑有线性插值、离散关键帧、样条插值和缓动插值。其中,离散关键帧并不进行插值操作,当到达 KeyTime 时,只需要更新动画数据帧为下一帧。通常,这样会产生看起来"跳跃"的动画。虽然可以通过增加关键帧的数量或减小 KeyTime 来减少关键帧的离散带来的"跳跃",但是线性或者非线性插值是更好的选择。样条插值是通过样条曲线,实现顶点在特定值之间的过渡。指定贝塞尔曲线的控制点,通过(0,1)的内在参数变化生成中间动画顶点的位置。缓动插值主要依据缓动函数[123],通过时间的变化控制参数变化的速率,可以生成一些基于样条插值无法构造的复杂动画插值。同时,除了通过对关键帧的插值生成新的动画,从动作捕捉系统得到的动画数据中抽取关键帧也是较为热门的研究方向[124]。

2. 骨骼动画

骨骼动画[125](Skeletal Animation 或 Bone Animation),通过模拟和控制骨骼系统来实现角色或物体的动态变化和动作表现,由于只需要存储数据帧中的骨骼信息,因此,存储空间较小。骨骼动画的最常见表达为人类模型。无论是电影、视频游戏,还是虚拟现实和增强显示,虚拟人类都在其中发挥着至关重要的作用,其价值还可以扩展到人体工程学、医学和生物力学等新领域。此外,我们对人体及其运动的敏锐洞察力,使我们对同预期行为间的微小偏差也较为敏感。因此,对人体动画的刻画应充分利用人体复杂解剖结构,结合相关生物学和运动学的信息,构造精准的人体结构模型。

骨骼动画的思想正是孕育于此,如图 5-3 所示,骨骼动画将运动物体分为两个部分:用于渲染的网格(Mesh)和用于运动的骨骼(Skeleton)。网格上的顶点和骨骼通常存在着一对多的对应关系,当骨骼发生变换时,网格上的顶点会根据对应关系得出新的位置。

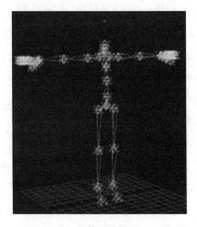
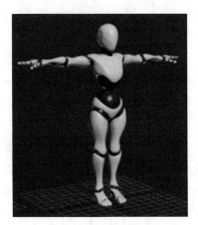

(a) 人体骨骼模型　　　　　　　　(b) 绑定骨骼的人体模型

图 5-3　骨骼动画

早期方法[126]提出了基于刚性骨架的人体模型。尽管它们已广泛用于各种生物力学研究（如两足动物的运动分析）中，但是它们的表达能力有限，无法真实地代表人体，并且它们在建模软组织方面也有一定的困难。后来，肌肉和脂肪组织作为附加层被引入，以体现软体的弹性变形[127]。但是，这种肌肉模型在物理上是不现实的，其应用也仅限于在关节上表达凸起效果。因此，许多研究人员致力于开发逼真的肌肉模型，着重于准确地表示肌肉形状及其可变形行为。例如，解剖学知识已被整合到构建肌肉几何结构中[128]，而医学成像技术已被用来增强视觉质量[129]。一旦构造了肌肉几何形状，就需要描述其在肌肉收缩期间的可变形行为，主要可以分为基于几何的、基于物理的和数据驱动的方法。

在骨骼动画中，一个模型被分解成多个关联的骨骼，每个骨骼代表了一个动态的部分，如身体的某个部位或物体的关键节点。骨骼动画的基本原理是：通过对骨骼的位置、旋转和缩放的控制驱动模型的动作。每个骨骼都有其自身的局部坐标系，而全局坐标是整个模型的参考坐标系。通过在不同时间点设置关键帧，记录骨骼的变换属性，可以创建出各种复杂的动作。在骨骼动画中，通常会使用关节和约束来定义骨骼之间的关系和运动范围。关节允许骨骼以一定方式连接，并限制它们的旋转和平移。约束用于定义骨骼之间的约束条件，如角度限制、位置约束和反向运动学（Inverse Kinematics，IK）约束等。骨骼动画的制作过程包括建模、绑定骨骼、设置关键帧和插值、调整动画曲线以及添加额外的效果和细节等。随着计算机图形技术的不断发展，骨骼动画在电影、游戏和虚拟现实等领域得到了广泛应用，它能够实现角色的生动表现、人物动作的自然流畅以及复杂场景的交互和表现，为视觉效果提供了更多的真实感和表现力。

3. 网格动画

网格动画（Mesh Animation）涉及对三维网格模型的顶点、面和边的操作和变形，从而实现模型的动画效果。在三维网格动画中，网格模型通常由一系列相互连接的顶点和面组成。每个顶点都具有自己的位置坐标，并与其他顶点通过边连接在一起，形成面片或多边形。通过对顶点的位置进行变换和插值，可以创建出物体的动态效果。与关键帧动画不同，三维网格动画更注重对模型的几何形状和拓扑结构的动态调整。三维网格动画的基本原理是：通过对三维模型的顶点位置进行变换和插值来实现动画效果。

如图 5-4[130]所示，三维网格是典型的边界表示模型，使用一系列多边形面片的规则连接表达物体的表面。三维网格动画是将二维动画中的图片替代为三维模型，作为每一帧的数据内容构成的动画，三维动画在游戏、医疗等领域有广泛的应用。随着高性能运动捕捉硬件的发展，网格早已成为表达和处理三维几何的标准方式[131]。相较于二维动画，三维动画是基于立体信息的扩充，带来更为强烈的真实感。当舍弃顶点间的连接关系时，网格动画退化为顶点动画。由于网格动画需要存储拓扑信息、几何信息和属性信息，因此往往占据大量的存储空间。相较于骨骼动画，虽然动画能更为精细地表达运动物体的细节，但是修改也更为复杂。三维网格动画在许多领域得到了广泛应用，包括电影、游戏、虚拟现实、建筑设计和工程仿真等。它能够创建出丰富多样的动画效果，如人物动画、物体变形、液体模拟和粒子效果等，为视觉呈现增添了更多的细节和真实感。随着计算机图形技术的进步，三维网格动画在各个领域的应用也愈发广泛和重要。

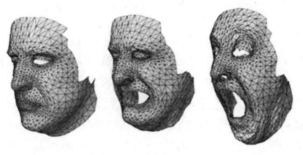

图 5-4　三维网格动画

5.2.2　三维动画的压缩

1. 基于时空分割的三维动画压缩算法

从图片到视频,从三维模型到三维动画,本质上都是利用了闪烁融合(Flicker Fusion)现象[132]。当光源亮暗变化的频率超过一定阈值时,人无法感受到闪烁,只能感知到一个较暗的光源。24 帧作为偶然形成的电影行业规范,被沿用至今。基于这种设定,三维动画每秒中将展现至少 24 个三维模型,模型的密集出现导致相邻模型的几何特征较为相似,存在较大压缩潜力。另外,动画中主体的运动可能循环出现,如固定重心的马匹奔驰动画,因此可以通过降低时域上的冗余对动画进行压缩。同时,动画中进行非刚性运动的主体,其部分组件的运动可以近似视为刚性运动[133],通过对模型进行分割,从空域的角度降低动画的冗余。本节同时从时域和空域两个维度降低动画的冗余,并且将两种分割方法以自适应的方式结合起来,即并不会产生明显的先后顺序。

1)时域分割算法

在初始时域分割中,目的是将差异性较大的相邻帧分开,为了更好地描述算法,首先衡量两个随机变量的差异,引入分布的希尔伯特空间嵌入来处理非参数化和高维问题[134],之后扩展到对序列帧的差异衡量问题。想要衡量随机变量的差异,首先要构建对于随机变量的描述,低维空间中的可以通过概率分布函数来表示,而高维空间中的往往使用随机变量的矩来表示。每一阶的矩都包含着关于随机变量分布的一些信息,如一阶中心矩表示随机变量的均值,二阶中心矩即方差。两个随机变量的相似性,可以通过矩的相似性来衡量。但是我们注意到,仅使用低阶矩判断随机变量的相似性,约束是不够的。因此,将矩从低阶扩展到高阶。首先寻求随机变量高阶矩的表达方式,利用分布式核嵌入(Kernel Embedding of Distributions)[135]将低维空间和高维空间进行联通。利用二元核函数将分布映射到特征空间(再生希尔伯特空间)中,距离通过向量内积表示。之后,便可以通过最大均值差异(Maximum-Mean Discrepancy,MMD)问题[136]判断两个分布的相似性。该算法最早用于双样本检测问题,如果样本来自不同的分布,则 MMD 达到最大。首先假设存在一个原始空间到再生希尔伯特空间的映射函数 f,将求解样本函数值的均值之差(即均值差异)作为两个分布相似性的度量。

将上述问题应用于待分割帧的检测中,可以把 γ^{init} 帧内的待分割帧 τ 的检测转换为 $[1,\cdots,b],[b,\cdots,\gamma^{\text{init}}]$ 这两个序列的相似性问题,即

$$\min_{b \in \left[1, \gamma^{\text{init}}\right]} I\left(\left[V^1, V^b\right], \left[V^{b+1}, V^{\text{init}}\right]\right) \tag{5-1}$$

式中：I 表示输入两个子序列之间的关联，在两个子序列关联最小处对前 γ^{init} 帧进行分割；γ^{init} 表示初始帧的索引；$\left[1, \gamma^{\text{init}}\right]$ 表示一个序列范围，包含从第 1 帧到初始帧的所有帧；$\left[b, \gamma^{\text{init}}\right]$ 表示从第 b 帧到初始帧的帧序列，b 表示一个切分点，用于分割序列 $\left[V^1, V^b\right]$ 和 $\left[V^{b+1}, V^{\text{init}}\right]$，此切分点的选择通过优化问题来确定；$V$ 表示帧序列的集合，通过调整切分点 b 划分和比较序列。受到核化正则相关分析（Kernelized Canonical Correlation Analysis，KCCA）算法的启发，通过求解下式来计算 b 的具体值

$$\min_{b \in \left[1, \gamma^{\text{init}} - w\right]} - \left| \begin{array}{l} \dfrac{1}{|T_1|^2} \displaystyle\sum_{i,j}^{|T_1|} K\left(v^{b_i \to b_i + w}, v^{b_i \to b_i + w}\right) - \\[2ex] \dfrac{1}{|T_1||T_2|} \displaystyle\sum_{i}^{|T_1|}\sum_{j}^{|T_2|} K\left(v^{b_i \to b_i + w}, v^{b_j \to b_j + w}\right) + \\[2ex] \dfrac{1}{|T_2|^2} \displaystyle\sum_{i,j}^{|T_2|} K\left(v^{b_j \to b_j + w}, v^{b_j \to b_j + w}\right) \end{array} \right| \tag{5-2}$$

$$K\left(V^{b_i \to b_i + w}, V^{b_j \to b_j + w}\right) = \exp\left(-\lambda \parallel V^{b_i \to b_i + w}, V^{b_j \to b_j + w} \parallel^2\right) \tag{5-3}$$

式中，令 $\tau^{\text{init}} = b$；w 是滑动窗口的大小，以平衡当前 w 帧；λ 是控制核函数衰减速度的超参数；T_1 表示第一个帧序列；T_2 表示第二个帧序列。

初始时域分割示意图如图 5-5 所示。

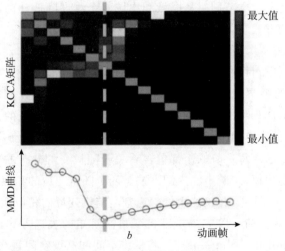

图 5-5　初始时域分割示意图

首先根据式(5-3)构建对应动画数据之间的 KCCA 矩阵，由于 $K(A,B) = K(B,A)$，因此该矩阵是对称的，之后根据式(5-2)计算最大均值差异问题，最终数值为检验统计量的二次方的相反数，因此使代价最小的帧作为待分割帧，对动画进行时域分割。

2）空域分割算法

空域分割方法用于在时域块内进行空域分割，对于三维动画而言，采用刚性和非刚性对顶点进行分类是常见做法[133]。因为空域分割方法发生在对动画进行初始时域分割之

后,所以此时至少存在一个帧长为 τ^{init} 的时空压缩块,取最近一次生成的时空压缩块,同文献[137-138]类似,首先在 τ^{init} 帧中计算邻接顶点间的边长变化,再求得在 τ^{init} 中边长变化的最大值。通过指数分布对所有的边长变化值进行拟合,指定特定比例 $\rho=0.2$ 的边为刚性边,连接到该边的顶点作为刚性顶点,其余顶点为非刚性顶点,该步骤称为二分类标注。之后再通过连接性关系,对这些点使用区域增长的方式进行聚类,获得空间上的初始分割数目 k,同时记录每个聚类的中点和平均顶点轨迹长。最后对刚性区域进行组合,最终实现空域上分割为 N_g 的保持顶点内在相关性的分割。

如图 5-6 所示,人体中移动相对较少的刚性聚类"头""胸"和"右臂"被分类为同一组。直接由动捕系统获取到的稀疏顶点轨迹数据不同,因为输入的动画数据在表面上是平滑的,所以获得了较大的顶点组。此外,由于初始聚类数目 k 和目标分类 N_g 均较小,因此该算法的计算成本相对较小。

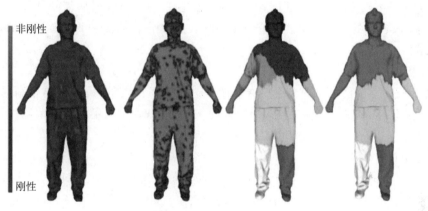

图 5-6　空域分割流程图

结合输入数据特征,自适应的时域分割和空域分割步骤,使用 $\delta l\,(l=1,\cdots,L)$ 表示时空分割块,L 表示获取到的时空分割块总块数。采用主成分分析(Principal Component Analysis,PCA)算法对每个时空分割块进行矩阵分解,通过输入参数 $\alpha\in(0,1)$ 决定保留主成分的数量来控制动画数据的压缩精度,之后再把数据送入无损压缩算法中进行压缩,算法流程如图 5-7 所示。

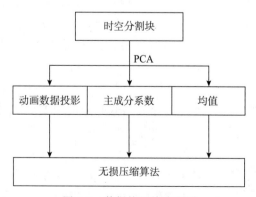

图 5-7　数据块压缩流程图

PCA 算法可以对数据进行降维,寻找最优的超平面,同时满足最近重构性和数据点的最大可分性。在压缩算法中,PCA 算法用于生成矩阵的分解,对于每个时空分割块可以得到三个分解元素,如下所示

$$\delta_i = B_i \times C_i + A_i \tag{5-4}$$

式中,B 为原数据的投影;C 为主成分;A 为向量均值;δ 为第 i 个时空分割块的变量,选择 C 中的前 p 个主成分来重构时空分割块,前 p 个主成分的重要程度之和需要高于设定的精度阈值 α。

最后使用无损压缩方法,对于 $B_i, C_i, A_i (i=1, \cdots, L)$ 使用 Zlib 进行无损压缩[139],使其转换为二进制表示。对于总块数为 L 的时空压缩块,最终压缩结果表示为。

$$\delta_i \approx B_i(1:p) \times C_i(1:p) + A_i \tag{5-5}$$

随着图形学技术和三维展示技术的发展,三维动画被广泛应用于电影、游戏和虚拟现实等领域中。由于三维动画的存储容量过大,在进行处理、渲染时所需硬件要求较高,成为限制其普及速度的重要因素。研究三维动画数据的压缩方法,对该数据的存储、传输以及渲染都至关重要。

2. JPEG 压缩算法

JPEG 压缩算法是一个较为成熟的对图像进行有损压缩的算法,主要是利用人类视觉系统的特点,丢掉一些不容易被人眼察觉的冗余信息,既保证了图像的清晰度,又减少了所占空间。标准的 JPEG 压缩算法的主要流程如下。

1) 颜色模式转换

为了在数字世界对图像的颜色进行表示,学者们研究出 RGB、YCbCr 等多种色彩模式[140],用于不同应用环境中。在 JPEG 压缩算法中,首先需要把图像从 RGB 颜色数据转换成为 YCbCr 颜色数据,这里的 Y 代表亮度,Cb 和 Cr 代表色度和饱和度。转换公式如下

$$Y = 0.299R + 0.587G + 0.114B$$
$$Cr = 0.5R - 0.418G - 0.0813B + 128 \tag{5-6}$$
$$Cb = -0.1687R - 0.3313G + 0.5B + 128$$

2) 采样

经过研究,学者们发现相对于色度和饱和度发生的变化,人眼更容易发现图像的亮度变化。因此通常可以认为 Y 分量更加重要,可以对相对不重要的 Cb 和 Cr 分量进行大幅压缩,尽可能保留 Y 分量的数据。实现这一过程的方法是对 Y、Cb 和 Cr 三个分量进行不同程度的采样,采样的比例一般设置为 4:1:1 或 4:2:2。以 4:1:1 的采样比为例,在尺寸为 2×2 的图像单元中,本应该有 4 个 Y 分量、4 个 Cb 分量和 4 个 Cr 分量,进行采样后,图像单元中只留下 4 个 Y 分量、1 个 Cb 分量和 1 个 Cr 分量,在未被人眼察觉的情况下,极大地减少了所需的存储空间。图像三个分量示例如图 5-8 所示。

3) 分块

为提高压缩算法的效率,需要将图像分割成 8×8 的子块,在之后的步骤中,对每个 8×8 的子块进行单独处理。如果图像的尺寸不能被 8 整除,就需要将图像的尺寸扩大为 8 的倍数,扩大后的空位用 0 填充。由于三个分量在图像的每个像素点中是交替出现的,

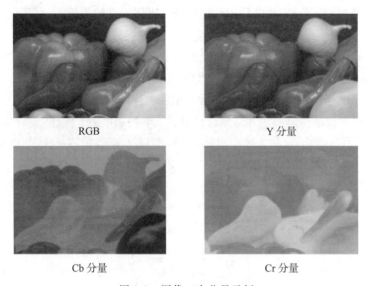

RGB　　　　　　　　　　　　　Y 分量

Cb 分量　　　　　　　　　　　　Cr 分量

图 5-8　图像三个分量示例

需要分开后存放到单独的表中。然后对每个表按照从左到右、从上到下的顺序处理每个 8×8 的子块。

4) 离散余弦变换

离散余弦变换(Discrete Cosine Transform,DCT)是一种将信号从一种表示形式转换成另一种表示形式的数学运算方法。在 JPEG 压缩算法中,DCT 被用于将图像的颜色信息转换为频率信息。DCT 对原始图像的数据没有任何损失,只是把它们转换成一个频率域,可以更有效地编码。在编码过程中,图像的每个 8×8 的二维子块经过正向 DCT 之后,将得到 8×8 的频率系数矩阵;在解码过程中,对频率系数矩阵进行反向 DCT 还原为图像数据。正向 DCT 和反向 DCT 的公式分别为

$$F(u,v) = \frac{1}{4}C(u)C(v)\left[\sum_{i=0}^{7}\sum_{j=0}^{7}f(i,j)\cos\frac{(2i+1)u\pi}{16}\cos\frac{(2j+1)v\pi}{16}\right]$$

$$f(i,j) = \frac{1}{4}\left[\sum_{u=0}^{7}\sum_{v=0}^{7}C(u)C(v)F(u,v)\cos\frac{(2i+1)u\pi}{16}\cos\frac{(2j+1)v\pi}{16}\right]$$

(5-7)

式中,$F(u,v)$ 为频率系数矩阵中(u,v)位置处的频率系数;$f(i,j)$ 为原始图像子块中(i,j)位置处的像素值;$C(u)$ 用于将频率系数矩阵还原为图像数据;$C(v)$ 表示在 DCT 过程中对频域的加权贡献;假设 x 代表 $C(.)$ 的自变量,当 $x=0$ 时,$C(x)=1/\sqrt{2}$,当 $x>0$ 时,$C(x)=1$。

正向 DCT 输出的频率系数矩阵中$(0,0)$位置处的频率系数称为 DC 系数,根据式(5-7)可以得知,DC 系数是 64 个输入像素的平均值。输出矩阵中其他 63 个元素称为 AC 系数,距离 DC 系数越远的 AC 系数代表的空间频率越高。也就是说,从第 1 个频率系数到第 64 个频率系数是在从低频信息移动到高频信息。

DCT 将图像按照不同重要性进行划分,矩阵中低频的元素与图像的粗略特征相对应,而矩阵中高频的元素与图像精细的细节相对应。通过 DCT 将查看图像所必需的粗略特征

与不太重要的精细细节分开，在之后的过程中进行不同程度的编码，人眼几乎无法察觉。

5）量化

量化是通过降低 DCT 系数矩阵中每个元素的精度来减少存储这些元素所需要的比特数的过程，这是损失的主要来源。对于一个 DCT 系数矩阵，距离 DC 系数越远的元素，对图像整体质量的贡献越小，可以更大程度降低其精度。JPEG 算法针对人类视觉系统特点，使用不同的量化表对亮度信息和色度信息进行量化，前者使用量化表 Q_Y 进行细量化，后者使用量化表 Q_C 进行细量化，量化表尺寸均为 8×8，与 DCT 系数矩阵对应，分别表示为

$$Q_Y=\begin{bmatrix}16&11&10&16&24&40&51&61\\12&12&14&19&26&58&60&55\\14&13&16&24&40&57&69&56\\14&17&22&29&51&87&80&62\\18&22&37&56&68&109&103&77\\24&35&55&64&81&104&113&92\\49&64&78&87&103&121&120&101\\72&92&95&98&112&100&103&99\end{bmatrix}$$

$$Q_C=\begin{bmatrix}17&18&24&47&99&99&99&99\\18&21&26&66&99&99&99&99\\24&26&56&99&99&99&99&99\\47&66&99&99&99&99&99&99\\99&99&99&99&99&99&99&99\\99&99&99&99&99&99&99&99\\99&99&99&99&99&99&99&99\\99&99&99&99&99&99&99&99\end{bmatrix}$$

量化公式为

$$F^Q(u,v)=\text{IntergerRound}\left(\frac{F(u,v)}{Q(u,v)}\right) \tag{5-8}$$

6）Zigzag 扫描排序

为了使低频系数分布在向量顶部，高频系数分布在向量底部，且便于后续的编码，JPEG 算法使用"Z"字形的 Zigzag 扫描排序算法收集 64 个 DCT 系数的量化结果，如图 5-9 所示。

7）DC 系数编码

由于图像的相邻子块之间表现出高度的相关性，因此待处理子块的 DC 系数与前一个子块 DC 系数的差值通常是一个非常小的数字，存储这个差值比直接存储 DC 系数需要的比特数更少。由此使用差分脉冲编码调制（Differential Pulse Code Modulation，DPCM）技术对 DC 系数进行编码[141]，如图 5-10 所示。

8）AC 系数编码

DCT 系数矩阵的 AC 系数在经过量化之后，大部分数值都被量化为 0，根据这种现象，JPEG 算法通过使用行程长度编码（Run-Length Encoding，RLE）[142]方法对 AC 系数

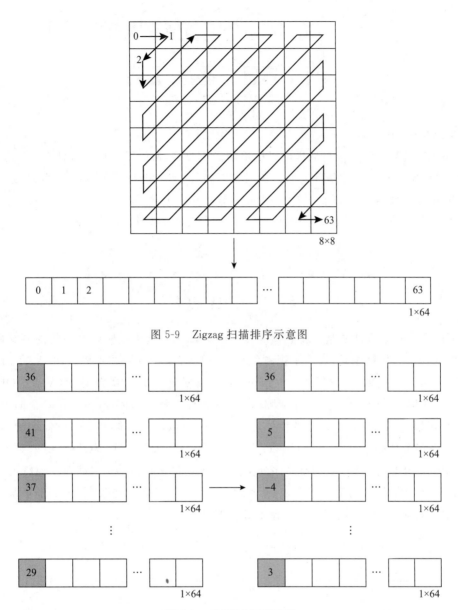

图 5-9　Zigzag 扫描排序示意图

图 5-10　DPCM 编码示例

进行编码来提高压缩率。RLE 记录子块中连续出现 0 的次数,0 连续出现的时间越长,压缩效果越好。将连续出现的一系列 0 编码为(skip,value),其中 skip 是 0 的数量,value 是下一个非零分量,如图 5-11 所示。

9) 熵编码

JPEG 使用 Huffman 编码进一步压缩数据,Huffman 编码是基于数据项出现的频率,使用较少的比特数对出现次数较多的数据进行二进制编码[143]。Huffman 编码通过查表对数据进行编码,对每个子块的 DC 系数进行 DPCM 编码后的结果和剩余 63 个 AC 系数进行 RLE 编码后的结果使用不同的 Huffman 编码表,所有子块编码完成后,最终得到一张图像的编码结果。

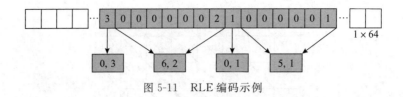

图 5-11　RLE 编码示例

3. MPEG 压缩算法

MPEG 视频压缩标准自从提出以后不断优化改进,MPEG-1 压缩算法核心为运动补偿和 DCT,MPEG-2 在此基础上加入了可伸缩特性[144]。两种压缩算法被称为第一代视频压缩编码技术,都是根据时间顺序把视频序列分为 I、P、B 三种帧,然后把每一帧分成一个个宏块,进行之后的运动补偿、DCT 以及编码过程,如图 5-12 所示。

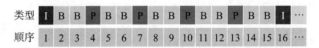

图 5-12　MPEG 帧类型划分

MPEG-4 压缩算法从基于视频帧的传统编码转变为基于视频中对象的内容编码,开启了第二代视频压缩编码,代表了视频编码技术向智能化发展的趋势。如图 5-13 所示,MPEG-4 编码的视频序列(Video Session,VS)被划分为多个视频对象(Video Object,VO)。VO 是场景画面中允许用户搜索、浏览和操作的物理实体,既可以是一个简单的矩形框,也可以是场景中任意形状的物体。每个 VO 可以使用可伸缩或不可伸缩的形式编码,VO 由多个视频对象(Video Object Layer,VOL)组成。每个 VOL 由视频对象平面(Video Object Plane,VOP)的有序序列组成。VOP 是视频中某一时间对应 VO 的实例,是 MPEG-4 压缩算法的基本单位,包括运动信息、形状信息和纹理信息,一部分 VOP 被单独编码,剩余 VOP 使用运动补偿技术进行编码。

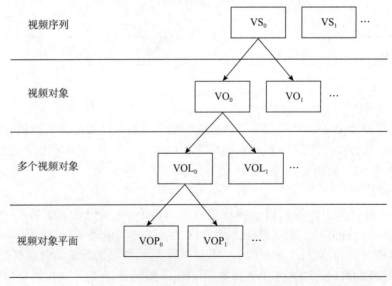

图 5-13　MPEG-4 视频层次结构

MPEG-4 视频压缩算法采用 MPEG-1 和 MPEG-2 都使用的运动补偿、DCT、量化及熵编码等核心技术,除此之外,还对之前的算法框架进行了改进和完善,并开创性地提出了一些核心技术[145],下面分别对这些核心技术进行介绍。

1) 形状编码

在 MPEG-4 的视频序列中,用来表示形状信息的矩阵称为位图,总共有两种类型的位图:二值和灰度,分别保存了二值和灰度形状信息。

二值位图用与视频对象边界区域大小相同的矩阵表示,矩阵中的元素只有两个取值:如果对应位置的像素属于该视频对象,则此元素的值为 255;如果不属于该视频对象,则此元素的值为 0。在进行二值形状信息编码之前,二值位图被分割为 16×16 的子块,又称二值位图块。如果此视频对象的二值位图元素均为 0,此时被称为透明二值位图块;如果此视频对象的二值位图元素均为 255,此时被称为不透明二值位图块。对这些二值位图块使用基于上下文的算术编码(Context-based Arithmetic Encoding,CAE)进行编码操作[146]。

灰度位图的表示方式与二值位图相似,不同之处在于矩阵内的元素可以取 $0 \sim 255$ 的任意值,用 8 个比特位表示这些取值,代表了视频对象对应位置像素的透明度。灰度位图采用基于上下文的算术编码和纹理编码两种形式来进行编码。

除了以上两种形式的编码外,还有一种扩展方式,即采用额外的算法对形状信息的压缩质量和压缩比进行调节,比如缩小二值位图块的尺寸,使用 8×8 或 4×4 的二值位图块进行编码。

2) 运动估计和运动补偿

为了去除视频序列中的时域冗余,MPEG 系列视频压缩标准采用了运动估计和运动补偿技术[147]。MPEG-4 将给定的 VOP 分成了三种形式进行运动补偿:信息全部保留进行编码的帧内编码 VOP(I-VOP)、参考前面的 I-VOP 或 P-VOP 进行编码的单向预测 VOP(P-VOP)和同时参考前后的 I-VOP 或 P-VOP 进行编码的双向预测 VOP(B-VOP)。

对于一个给定的 VOP,VOP 边界框内和边界框上的宏块将采用不同的运动估计方式计算运动矢量,VOP 边界框内的宏块一般使用块匹配方法进行运动估计,而 VOP 边界框上的宏块将使用多边形匹配方法进行运动估计,在进行误差衡量时,多边形匹配方法仅使用属于 VOP 边界框内的像素进行计算。

在进行运动估计以及运动补偿的过程中,由于宏块的划分,难免会用到 VOP 边界外的像素,MPEG-4 算法将对其进行填充。如果是边界框上的宏块,一般通过复制像素点左方向或者右方向上相邻的像素进行水平填充;如果左方向和右方向均有像素,则取两者的平均值进行填充,剩余像素利用同样的原则,通过复制上下方向上相邻的像素进行垂直填充。如果是边界外的宏块,则通过复制相邻边界框上的宏块最外围的像素值进行填充;如果相邻的不止一个边界框上的宏块,则按照设置好的优先级选择一个宏块进行填充;如果没有与边界框上的宏块相邻,则用 128 进行填充。VOP 宏块分类如图 5-14 所示。

3) 纹理编码

视频对象的纹理信息分为两类[148]:对于 I-VOP,纹理信息指的是亮度、色度这两种

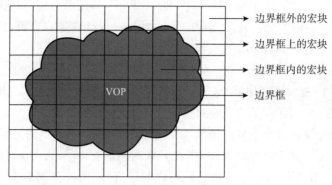

图 5-14　VOP 宏块分类

像素信息；对于 P-VOP 和 B-VOP，纹理信息指的是进行运动补偿之后得到的亮度和色度的残差信息。MPEG-4 使用基于 8×8 大小宏块的 DCT 对纹理信息进行编码。边界框内的宏块直接进行编码；边界框上的宏块需要进行填充后才能编码，填充的目的是平滑宏块内的像素信息，减少无关信息对 DCT 的干扰；边界框上的宏块不进行纹理编码。边界框上的宏块填充方式同样也要区分。对于 P-VOP 和 B-VOP，存储的是残差信息，数值一般较小，所以对于宏块中边界框外的像素直接使用 0 进行填充。对于 I-VOP，将使用如下规则进行填充：首先，计算宏块位于边界框内像素的平均值，使用该值对宏块位于边界框外的像素进行填充；其次，从宏块左上角位置的像素开始，按从左到右、从上到下的顺序逐个遍历该宏块位于边界框外的像素位置，如果此位置在上下左右四个方向上有相邻的位于边界框内的像素，则使用这四个方向上相邻像素的平均值作为此位置的像素值，依次完成填充操作。

5.3　三维动画压缩优化算法

5.3.1　基于时空分割的编辑边界优化算法

本节对上述时空分割的压缩算法框架进行升级，首先考虑时空分割块之间的关系，因为 PCA 算法并不是无损压缩，所以每个块内部会存在一定的损失，当把时空分割块重组起来构成完整的动画数据时，可能会在块相连接的边界处产生较大的误差，因此提出边界编辑的压缩优化方法，增强边界处的一致性。

基于时空分割的三维动画压缩算法可以取得较为优秀的压缩效果，如图 5-15 所示，虽然分割结果一定程度上可在语义层面被解释，但是两个相邻的时空分割块分别进行 PCA 之后再无损压缩，则存在因为主成分的选择而造成沿边界处的潜在不一致性。

如图 5-16 所示，中间图为原算法的处理方式，右侧图是进行了边界编辑优化之后的结果。左侧图编辑方法采用边界处的 2 领域，对于原始的分割边界进行扩充。扩充之后的分割块中会包含少量来自相邻分割块的特征，在解压时，通过参考分割边界两侧的信息，实现边界的编辑，增强边界一致性。右侧图清晰表明编辑后的边界从崎岖变得较为光滑，证明该算法可以切实提升性能。

图 5-15　三维动画时空分割结果

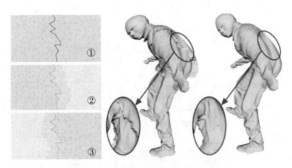

①

②

③

图 5-16　边界编辑方法示意图

5.3.2　基于时空分割的矩阵重组优化算法

考虑到每个数据块经过压缩算法之后,得到的数据具有一定的相似性,探索是否可以充分利用这部分数据的相似性,提出矩阵重组方法对原算法进行优化。在文献[149]中,对时空分割块进行 PCA 降维之后,来自不同分割块的不同分割矩阵被展开为一维向量,送入无损压缩。这种较为粗暴的方式掩盖了来自不同分割块同类型分解矩阵之间的相关性,为了解决这个问题,提出基于矩阵重组的压缩优化方法,具体流程图如图 5-17 所示。

对于文献[149]中得到的时空分割块,使用 PCA 算法得到分解矩阵,此时分解矩阵的个数为 $3I$。优化算法的核心是衡量这些分解矩阵之间的相关性,进一步压缩它们之间的冗余。把每一个分解矩阵视为一个多维空间中的点,构建这些点之间的连接关系,通过欧氏距离度量每两个点之间的边权重,权重和距离成反比。对点及其连接关系构成的无向图进行指定数目的切图,使得分割代价最小,该过程对应谱聚类算法。谱聚类对于数据的分布有更强的适应性,可以很好地提取数据之间的相似性。谱聚类流程如图 5-18 所示,对分解矩阵进行谱聚类,首先将各矩阵展开为一维向量,度量各个向量之间的距离,由于向量的长度并不一致,因此通过构造直方图,之后使用 EMD 距离的方式替代欧氏距离。谱聚类算法的目标类别数为 n,在得到聚类结果后,对各个类采用特定的重构方式进行重组。该算法具有一定的自适应性,因此提出自适应的聚类数目 n 的确定方法。

在验证阶段,首先评估各输入参数对压缩性能的影响,之后结合多种动画数据,确认当前设计中最佳的重构方式,实验表明矩阵重组算法可以在文献[150]的结果上取得进一步的提升。

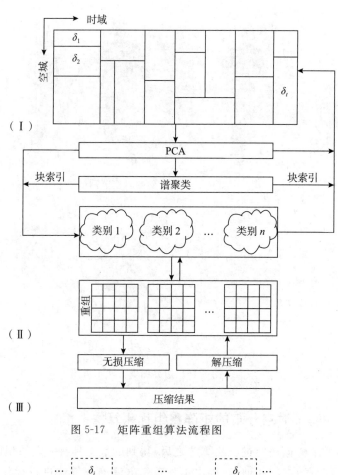

图 5-17　矩阵重组算法流程图

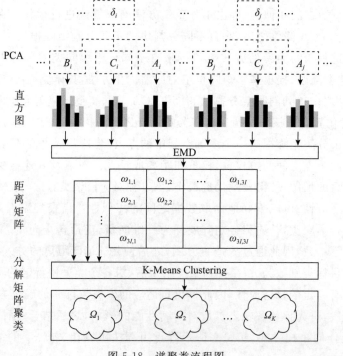

图 5-18　谱聚类流程图

在优化算法中,输入为时空分割块的矩阵分解结果,数目为 $3I$,其中 I 表示分解元素的数量,为了简化描述,对于所有的 A、B、C,均记为 X,不再区分各分解矩阵的具体含义。

$$X_i, \quad i=1,\cdots,3I \tag{5-9}$$

首先使用直方图构建矩阵的数据分布,注意到直方图的 bin 的数值不仅会影响算法的时间性能,而且会影响算法对于冗余的压缩表现。具体而言,当 bin 的数值较小时,矩阵的数据分布无法通过直方图得到很好的展现,从而无法进一步提升压缩的效果。当 bin 的数值较大时,虽然矩阵自身的特性得到了很好的展现,但是在计算对称的距离矩阵时,计算时间会显著增加。因此,根据在多种动画数据上的实验结果,如图 5-19 所示,其中热力图中的每一行代表纵轴中的一个动画类别,横轴代表不同 bin 的数值选择,同一类别的数据经过归一化处理,通过颜色表示计算距离矩阵的时间消耗,黄色代表时间长,蓝色代表时间短。下方折线图代表固定 bin 数值下所有动画数据时间消耗的均值,可以发现随着 bin 的数值增大,消耗时间呈线性增长趋势。当 bin 的数值较小时,此时个别数据的时间消耗反而较大。根据实验结果,最终选择 bin=7 作为兼顾时间和性能的参数选择。

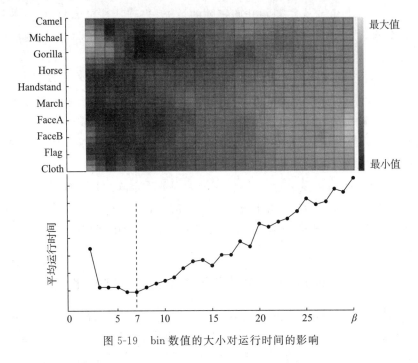

图 5-19　bin 数值的大小对运行时间的影响

上文提到,通过 EMD 距离构建距离矩阵,距离矩阵的每一行代表着该矩阵与其余矩阵的相关性,这种相关性可以作为每个矩阵的特征,即一行数据代表一个矩阵的特征,输入聚类算法中进行分类。具体计算方法如下

$$w_{i,j}=\mathrm{EMD}(H(X_i),H(X_j)), \quad X=\{B,C,A\} \tag{5-10}$$

EMD 距离则是在求解如下最小化问题

$$\min \sum_{i,j}^{3I} f_{i,j}d_{i,j} \tag{5-11}$$

式中，$f_{i,j}$ 为两个分布移动的代价；$d_{i,j}$ 为成对距离。

计算 EMD 距离需要求解运输问题，该问题的运算复杂度较高。可行的替代方法是利用两个分布的质心之间的距离替代 EMD 距离，并对距离进行粗略估计。这样简略计算的原理是该距离是 EMD 距离的下界。通过 EMD 距离得到距离矩阵，即每一个矩阵的特征表示，通过使用 K-means 对其进行聚类，聚类数目由数据自适应决定，公式如下

$$K = \lceil \sqrt{3I} \rceil + 1 \tag{5-12}$$

为了使同一类别中尽可能多接触长度不同的向量，如式(5-13)所示，对第 k_0 个聚类块进行重组维度，以构成方阵，送入无损压缩。空缺位置采用数值 0 填充，实验中也尝试使用均值、最大值和非零固定值方式填充，但是由于对结果的影响不大，因此选择最简单的填充方式。

$$D = \left\lceil \sqrt{\sum_{\forall i, k=k_0} |X_i^k|} \right\rceil = \left\lceil \sqrt{\sum_{\forall i, k=k_0} |B_i^k| + |C_i^k| + |A_i^k|} \right\rceil \tag{5-13}$$

对于矩阵的重组可以选择 Row-wise、Arch-wise 和 Curl-wise 方式，其中 Row-wise 是从左上角和从左到右开始矩阵的填充，当到达规定列数时，将从下一行的最左边开始填充；Arch-wise 从左上角和从左到右开始矩阵的填充，当到达规定列数时，向下移动并沿相反的方向继续填充；Curl-wise 从左上角开始矩阵的填充，当达到规定列数后向下填充该列，整个过程类似顺时针从外向内绘制圆圈，直至构成方阵。

选用 Row-wise、Arch-wise 和 Curl-wise 的方式，也是出于对实验结果的考虑，一方面，经过 PCA 之后的各分解矩阵依旧存在较大的一致性，特别是该分解矩阵源自保持空间分割且帧长为最大分割帧长的相邻时空分割块，但是由于各分解矩阵的大小并不一致，因此将其重组成一维向量，以方便后续处理。选择组合方式的标准是尽量让较为相似的向量拥有较大的"接触"面积。另一方面，若将各向量展开成一维向量，无论是直接重组成一维向量，还是在行上对向量进行堆叠，使用最大列数为矩阵的列，空白位置使用 0 填充，效果均不如折叠重组的方式好。由于重组成一维向量，与文献[150]中的算法差别并不大，第二种方法受最大列数的影响较大，会出现填充位置多于待压缩数据的情况，因此设计上述三种重组方式。

5.3.3　基于 eK-means 聚类算法的三维动画数据结构化

本节提出了等簇大小的 K-means 算法(即 eK-means 算法)，对 JPEG 压缩算法进行优化，使得算法获得更好的压缩效果。在上节提出的基于 JPEG 的三维动画压缩算法中，对三维动画每一帧分割的子块进行 DCT 后，每个子块中数据之间值差别越小，DCT 系数矩阵中能代表原始数据的非零值越集中在左上角，零值越向右下角集中，且经过 DCT 后子块中的零值越多，在进行熵编码时可以达到更好的压缩效果。然而，三维动画中每一帧的顶点排列顺序是没有规律的，即顶点集 V 中每列数据间的差别是不可预料的，只有顶点集 V 中每列数据间的差别尽可能小，在 DCT 后才能达到更好的压缩效果。因此，为了使列数据间的值差别尽量小，在进行压缩之前需要对顶点集的列数据进行重排序，把相邻三维顶点的数据集中在一起，使三维动画数据结构化。eK-means 算法在对顶点集进行聚类的同时，使得每个类的尺寸与 DCT 的尺寸相同，从而更好地发挥 JPEG 的性能。计算

聚类中心时可以采取两种策略：第一种是使用对顶点集 V 的第一列数据 V^1 所代表的第一帧顶点数据聚类后的结果对顶点集 V 进行重排序；第二种是计算所有列的聚类中心后取平均值得到聚类结果。相对第一种策略，第二种策略需要取得所有帧数据后才能进行压缩，而且只能进行离线压缩。为达到实时压缩的目的，建议使用第一种策略进行顶点集重排序。

eK-means 算法的具体步骤如下。

（1）在顶点集 V 的第一列数据 V^1 中随机选取 K 个初始聚类中心点 $\mu_1,\mu_2,\cdots,\mu_K \in V^1$，其中 $K=N/64$。

（2）计算 V^1 中每个顶点 V_i^1 到 K 个初始中心点的距离 d，公式如下

$$d=\|V_i^1-\mu_j\|^2 \tag{5-14}$$

式中，$j=1,2,\cdots,K$，按距离大小将 V_i^1 分配到最近的中心点，形成 K 个类，每个类容量为 64。

（3）计算每个类的均值 m_j，作为新的聚类中心，即令 $\mu_j=m_j$。

（4）依据下面公式判断是否收敛

$$E=\sum_{j=1}^{K}\sum_{k\in C_i}(V_k^1-\mu_j)^2 \tag{5-15}$$

收敛或达到最大迭代次数时结束聚类，否则重复步骤（2）和步骤（3）。算法流程如图 5-20 所示，图中展示了马的三维动画第一帧顶点数据进行 eK-means 聚类后的结果，每个类用不同颜色区分。

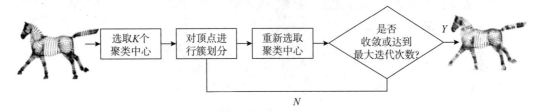

图 5-20　基于 eK-means 聚类算法的三维动画数据重排序

最终，使用上述算法将得到的 K 个类合并，得到索引值序列 S_{eq}，使用 S_{eq} 对 V 进行重排序，得到新的顶点集 V_new，即 $V\_new_i=VS_{eq}(i)$。需要注意的是，虽然 eK-means 算法会受到初始聚类中心和离群点的影响，导致结果不稳定，并且容易收敛到局部最优解，但是三维动画数据在时间和空间上都具有平滑性，使得这些缺陷对结果的影响很小。同时，算法中初始聚类中心随机选择，仅当所有初始点均在模型边界点（如均在马的尾巴尾端）时，才会对结果造成影响，而这种情况很少发生。基于以上考虑，使用 eK-means 算法进行顶点集聚类的结果具有可靠性。

在进行 DCT 时，子块尺寸的大小会对压缩效果产生很大的影响。通常来说，子块尺寸越大，量化产生的信息丢失越多，反之越少。然而，子块尺寸越小，划分的子块数目越多，所耗费的时间急剧上升，因此需要选取合适的子块尺寸进行压缩。针对 DCT 能量集中的特性，DCT 系数矩阵左上角存储着变换前子块的主要数据。系数矩阵尺寸越大，存储主要数据所需的空间越小。本章将子块尺寸设置为 $n\times n$，量化表的尺寸同步修改为 $n\times n$，并同时对量化表中的数值使用线性函数、抛物线函数和指数函数三种增长方式进

行填充,如图 5-21 所示。

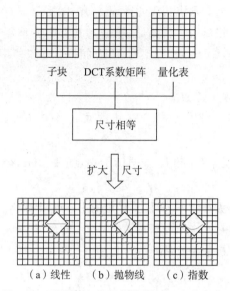

（a）线性　　（b）抛物线　　（c）指数

图 5-21　对量化表中的数值使用三种方式填充

三维动画数据为浮点型数据,所需精度很高,而 DCT 系数矩阵经过量化之后变成了整型数据,在进行数据还原时会损失浮点部分,导致三维动画产生形变。本章将 DCT 系数矩阵的数据扩大 Mul 倍之后再进行量化,使数据的浮点部分得到一定程度保留,减少数据的损失,此时量化公式如下

$$F^Q(u,v) = \text{IntergerRound}\left(\frac{F(u,v) \cdot Mul}{Q(u,v)}\right) \tag{5-16}$$

反量化公式如下

$$F^R(u,v) = \frac{F^Q(u,v) \times Q(u,v)}{Mul} \tag{5-17}$$

式中,F 代表 DCT 系数矩阵;Q 代表量化表;F^Q 代表 DCT 系数矩阵量化后的结果;F^R 代表还原后的 DCT 系数矩阵。

5.3.4　基于 LLE 降维算法的三维动画帧分类

传统的 MPEG 算法对于帧的分类是固定的,按照 IBBPBBPBBP…的顺序简单地对视频的每一帧进行分类,这是根据视频的固有特征决定的。在三维动画中,这样简单的分类不能充分发挥 MPEG 的优越性,为了达到更好的压缩效果,本节提出将三维动画的每一帧进行降维,根据得到的二维特征对这些帧进行分类。局部线性嵌入(Locally Linear Embedding,LLE)是 Roweis 等[151]提出的一种用于非线性降维的流形学习算法,LLE 算法寻找样本在低维的投影,使得样本局部邻域内的间距得到保留,维持样本的拓扑结构不变。

LLE 算法的核心思想是用最近邻点的线性加权组合表示每个样本点。LLE 首先找到这些样本点的 k 个最近邻点,然后将每个样本点近似为 k 个最近邻点的线性加权组合,得到局部重建权值矩阵,最后使用最近邻点和权值矩阵计算出降维坐标。使用 LLE

算法对三维动画的每一帧进行降维的详细步骤如下。

（1）找到动画帧中每个顶点的 k 个最近邻点。k 个最近邻点指的是距离所求顶点最近的 k 个顶点，k 是一个算法开始前指定的参数。标准的 LLE 算法使用了运算过程较为简单的欧氏距离来衡量这些最近邻点，然而动画帧中的顶点是非线性分布的，欧氏距离丧失了顶点间的几何特性。为了保持顶点之间的几何特性，本章使用 Dijkstra 算法[152]基于顶点之间的连接信息计算动画帧中顶点之间的距离。

（2）将每个顶点重建为 k 个最近邻点的线性加权和，计算每个顶点的局部重建权值矩阵 $\boldsymbol{W}$。假设三维动画每帧有 m 个顶点 $\{x_1, x_2, \cdots, x_m\}$，使用均方差作为重构误差函数，计算公式为

$$E(\boldsymbol{W}) = \sum_{i=1}^{N} \left| x_i - \sum_{i=1}^{n} w_{ij} x_j \right|^2 \tag{5-18}$$

式中，$j = 1, 2, \cdots, k$；x_j 为 x_i 的第 i 个最近邻点；w_{ij} 代表了 x_i 与 x_j 两个顶点之间的权重，而且必须满足约束条件 $\sum_{j=1}^{k} w_{ij} = 1$。

令 $W_{ij} = (w_{i1}, w_{i2}, \cdots, w_{ik})$，将式（5-18）矩阵化，变为如下形式

$$E(\boldsymbol{W}) = \sum_{i=1}^{N} W_i^{\mathrm{T}} (x_i - x_j)(x_i - x_j)^{\mathrm{T}} W_i \tag{5-19}$$

此时可得 $\sum_{j=1}^{k} w_{ij} = W_i^{\mathrm{T}} \boldsymbol{I} = 1$，其中 $\boldsymbol{I}$ 为 k 维全 1 矩阵。令 $Q_i = (x_i - x_j)(x_i - x_j)^{\mathrm{T}}$，使用拉格朗日乘子法构建公式如下

$$L(\boldsymbol{W}) = \sum_{i=1}^{N} W_i^{\mathrm{T}} Q_i W_i + \lambda (W_i^{\mathrm{T}} \boldsymbol{I} - 1) \tag{5-20}$$

将式（5-20）对 $\boldsymbol{W}$ 求导，令公式值为 0 并进行求解，得到顶点 x_i 最优的权重矩阵

$$W_i = \frac{Q_i^{-1} \boldsymbol{I}}{\boldsymbol{I}^{\mathrm{T}} Q_i^{-1} \boldsymbol{I}} \tag{5-21}$$

（3）使用最近邻点和权值矩阵计算顶点的降维坐标，将每个顶点投影到二维空间中。误差函数如下

$$E(\boldsymbol{Y}) = \sum_{i=1}^{N} \left| y_i - \sum_{j=1}^{k} w_j Y_j \right|^2 \tag{5-22}$$

式中，y_i 是 x_i 降维结果，而且要满足如下两个约束条件

$$\sum_{i=1}^{m} y_i = 0, \quad \frac{1}{m} \sum_{i=1}^{m} y_i y_i^{\mathrm{T}} = \boldsymbol{E} \tag{5-23}$$

式中，$\boldsymbol{E}$ 是 $m \times m$ 的单位矩阵。

同理，矩阵化误差函数为

$$E(\boldsymbol{Y}) = \mathrm{tr}(\boldsymbol{Y}(\boldsymbol{E} - \boldsymbol{W})(\boldsymbol{E} - \boldsymbol{W})^{\mathrm{T}} \boldsymbol{Y}^{\mathrm{T}}) \tag{5-24}$$

式中，$\mathrm{tr}(.)$ 为迹函数，即求取矩阵主对角线上所有元素之和。与步骤（2）相似，不同在于，此时已知权重矩阵 $\boldsymbol{W}$，求降维的结果 $\boldsymbol{Y}$。当 x_j 是 x_i 的最近邻点时，$W_i = w_{ij}$，否则 $W_i = 0$。令 $M = (\boldsymbol{I} - \boldsymbol{W})(\boldsymbol{I} - \boldsymbol{W})^{\mathrm{T}}$，使用拉格朗日乘子法构建公式如下

$$L(\boldsymbol{Y}) = \mathrm{tr}(\boldsymbol{Y} M \boldsymbol{Y}^{\mathrm{T}} + \lambda(\boldsymbol{Y} \boldsymbol{Y}^{\mathrm{T}} - m\boldsymbol{E})) \tag{5-25}$$

将式(5-25)对 Y 求导,令公式值为 0,得到 $MY^T = \lambda' Y^T$。由此可知,要得到最优的降维结果,只需计算出矩阵 M 最小的 n 个特征值所对应的 n 个特征向量即可。通常取 M 在 $2 \sim n+1$ 的特征值所对应的特征向量作为三维动画的降维结果 Y。

基于以上分析,对三维动画的每一帧使用 LLE 算法进行降维,根据得到的二维特征结果将三维动画动态地分为 I、P、B 三种帧,以提高压缩的效果。以 Cloth 数据为例,对每一帧使用 LLE 算法的结果如图 5-22 所示。

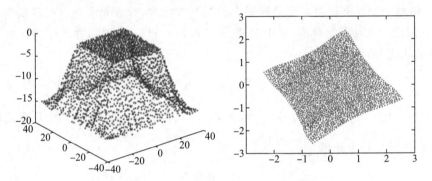

图 5-22　Cloth 第 10 帧使用 LLE 降维算法前后对比

5.3.5　基于 DZIP 算法的压缩优化方法

DCT 算法是一种有损压缩算法,对 I、P、B 三种帧都使用 DCT 进行压缩,将造成较大的精度误差。由于 P 帧还原后的误差会受前面已还原的 I 帧的影响,B 帧还原后的误差会受前面已还原的 I 以及后面 P 帧的影响,因此对数量较少的 I、P 帧进行无损压缩保证压缩后的误差,B 帧作为数量最多的帧进行 DCT 压缩,以保证压缩比。本节使用的是 DZIP 算法无损压缩 I、P 帧数据。

DZIP 算法使用开源的 ZLIB Deflate 算法对数据进行无损压缩。ZLIB 是一个数据压缩库,对 Deflate 压缩算法进行了封装[153]。Deflate 压缩算法首先使用 LZ77 算法对数据进行压缩,然后使用哈夫曼编码进行熵编码,属于无损压缩算法。LZ77 算法是 Ziv 等[154]提出的一种基于字典的用于对顺序数据进行压缩的算法。LZ77 算法的核心思想是使用滑动窗口遍历整个输入序列,利用占用存储空间相对较小的标记代替在输入序列中多次出现的、较长的子序列来实现压缩,滑动窗口分为搜索缓冲区和先行缓冲区两个部分。搜索缓冲区保存了已经编码序列最近的一部分,搜索缓冲区在刚开始进行压缩时是空的,然后随着向后处理输入序列,长度逐渐增加到缓冲区的最大容量,窗口的位置往后进行滑动。先行缓冲区保存了即将进行编码的序列。LZ77 压缩算法的步骤如下。

(1) 从要进行编码的位置开始,将搜索指针向后移动,遍历整个搜索缓冲区,直到匹配到先行缓冲区中的第一个字符,并在搜索缓冲区中查找最长的匹配项,然后执行步骤(2);如果在搜索缓冲区中匹配不到先行缓冲区中的第一个字符,则执行步骤(3)。

(2) 输出三元组 <off, len, ch>,并将整个窗口向后滑动 len+1 个字符,如果先行缓冲区不为空,继续执行步骤(1),否则结束算法。其中,off 为偏移量,表示搜索指针与先行缓冲区的距离;len 为搜索缓冲区中与先行缓冲区中相匹配的连续符号的数量;ch 为下一个要处理的字符。

（3）输出三元组<0,0,ch>,并将整个窗口向后滑动1个字符,如果先行缓冲区不为空,继续执行步骤（1）,否则结束算法。

通过上述步骤将三维动画 I、P 帧的数据变成了三元组,减少了重复出现的数据,由此实现了对 I、P 帧数据的压缩。

解压缩算法是对这些三元组进行依次处理的过程,只有按照压缩时生成三元顺序进行处理,才能实现数据的无损还原。首先建立一个空的数组,然后按顺序处理三元组。如果三元组的 off 和 len 均为 0,则将字符 ch 存储到数组中;如果不为 0,将数组从后往前第 off 个位置开始,读取 len 个字符保存在数组中,同时将 ch 也存储到数组中。

该过程一直持续到所有三元组都已被解码为止,由此完成对 I、P 帧的解压缩。对 I、P 帧使用 DZIP 无损压缩,改进后的三维动画整体压缩流程如图 5-23 所示。

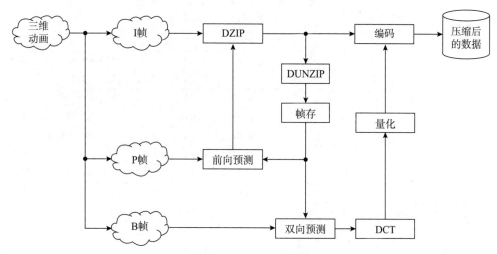

图 5-23　改进后的三维动画中整体压缩优化流程图

5.4　实验结果与分析

5.4.1　基于时空分割的编辑边界优化算法实验结果与分析

本节对三维动画压缩优化算法进行实验结果分析。为了进一步衡量压缩效果,该优化算法的衡量指标还加入了时空边缘差（The Spatiotemporal Edge Difference,STED）误差[155],STED 误差可以定义为加权的空间和时间误差,计算公式为

$$\text{STED} = \sqrt{\text{STED}_s(d\_)^2 + c^2 \times \text{STED}_t(\omega\_, \text{d}t\_)^2} \tag{5-26}$$

式中,$d\_$表示局部空间范围;c 表示加权参数;$\omega\_$表示局部时间范围;$\text{d}t\_$表示时间距离值。实验中使用与文献[155]中相同的参数设置。

表 5-1 用于展示在不同参数配置下压缩的结果和时间性能,实验保留了在不同套件下算法时间性能的考量,s 和 sp 分别是单线程和并行实现的时间（以 s 为单位）,最后一列显示使用并行之后此单线程节省的每个数据的时间百分比。

表 5-1　不同初始化参数下的算法性能表现

动画数据	参 数				压缩比	误差/%		时间/s		
	w	γ_{init}	γ_{max}	N_g	bpvf	STED	KGError	s	sp	%
Jump 10005 150	5	15	50	4	4.00	**6.22**	7.07	**63.24**	**61.39**	2.93
	5	20	50	4	**3.94**	9.39	**6.58**	100.33	98.40	1.92
	5	20	100	4	**3.94**	9.39	**6.58**	101.17	96.95	**4.17**
	5	20	50	8	**3.94**	9.39	**6.58**	103.45	100.92	2.45
Hand-stand 10002 175	5	15	50	4	2.38	9.00	5.20	**51.25**	**48.02**	6.30
	5	20	50	4	2.31	**7.63**	**5.09**	69.29	66.51	3.89
	5	20	100	4	**2.14**	8.07	5.22	70.06	66.61	4.92
	5	20	50	8	2.25	8.05	5.12	71.99	68.92	4.26
Horse 8431 49	3	9	20	4	7.93	**4.38**	4.88	20.29	19.05	**6.11**
	3	12	20	4	**6.42**	4.61	**3.72**	**17.00**	16.21	4.65
	3	12	30	4	**6.42**	4.61	**3.72**	17.09	**16.07**	5.97
	3	12	20	8	7.31	4.52	4.21	22.43	21.55	3.92
Flag 2750 1001	10	30	100	4	0.87	**2.28**	7.89	**120.48**	**104.95**	**12.89**
	10	40	100	4	0.79	2.63	7.89	195.13	178.64	8.45
	10	40	150	4	**0.73**	2.71	7.94	210.52	192.56	8.53
	10	40	100	8	0.79	2.67	**7.87**	198.25	180.23	9.09
Cloth 2750 200	10	30	100	4	**0.54**	0.89	3.01	**14.49**	**13.19**	8.97
	10	40	100	4	0.63	**0.84**	1.95	31.64	29.13	7.93
	10	40	150	4	0.63	0.86	1.97	33.98	28.20	**17.01**
	10	40	100	8	0.63	0.90	**1.94**	32.40	28.95	10.47
Samba 9971 175	5	15	50	4	**1.40**	0.04	4.87	**16.57**	**21.42**	29.34
	5	20	50	4	1.62	0.09	6.16	56.59	63.88	12.87
	5	20	100	4	1.43	0.09	6.17	53.97	73.50	**36.19**
	5	20	50	8	1.62	0.09	6.16	66.42	68.92	3.76

　　表中可以显示出各参数对于压缩性能的影响,对比单个动画数据的第一行和第二行, γ_{init} 的改变会使程序的运行时间变长,但是对于如 Horse 帧数比较少的数据, γ_{init} 的增大反而使程序的运行时间变短,这一结论与第 3 章中一致。 γ_{max} 的增加对于压缩性能的影响不大,由最后一行的数据与之前的结果对比可知,较大的空域分割对于较为复杂的数据(如 March)可以产生更优的效果,但是这一结论并不适用于 Samba 数据。对于较为简单的数据(如 Flag、Cloth 等),压缩效果提升不明显,甚至会将原本相似度较高的区域分开压缩,从而导致压缩效果下降。

　　在对比方法的选择上,由于缺少时空分割的直接对比实验,因此我们选取了效果得到广泛认可的空域分割方法[156-157]进行对比。对于 Horse 数据,基于边界编辑的优化方法在 bpvf＞4 时优于比较的方法。尽管 Coddyac 的方法在 bpvf＜4 时返回的 KGError 较少,但我们的压缩方法返回的 STED 误差却小得多。同样,对于 Handstand 数据,尤其是当 bpvf＞1.8 时,我们的方法显示出较比较方法[156-158]更好的性能。通过与 Váša 等[159]的方法进行比较,当 bpvf＞2.6 时,我们的方法显示的错误更少。对于 Samba 数据,我们的方法通过测量 STED 误差而超越了所有比较方法。使用 KGError 度量,当 bpvf＞3 时,我们的方法与文献[156-158]中的方法明显具有竞争性;当 bpvf＞4.3 时,我们的方法优于 GLCoder 的方法。编辑边界优化算法对比实验如图 5-24 所示。

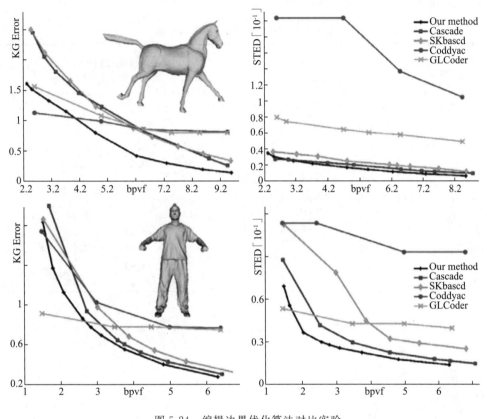

图 5-24　编辑边界优化算法对比实验

5.4.2　基于时空分割的矩阵重组优化算法实验结果与分析

表 5-2 着重展示了 Row-wise、Arch-wise 和 Curl-wise 的方式下对于压缩性能的提升,其中第一列为测试用的动画数据,第二列和第三列分别为动画顶点数和帧数,在重构误差较小的情况下,相较于 1D-vector 的存储压缩方式,三种组合方式均取得较好的提升效果,平均提升百分比分别为 20.63%、20.49% 和 16.88%。可以看出,使用 Row-wise 和 Arch-wise 的提升效果优于使用 Curl-wise 的方式,推测其原因是前两种方式将一致性较高的向量排列更加紧密,而 Row-wise 和 Arch-wise 的效果较为相似。当前重组方式包含了一定的自适应性,但是对于向量排布的设计还是主要根据设计原则和实验结果,若可以更多地结合数据自身特性,给予多个重组方式自发的选择,可保留时空分割算法的自适应能力,从而在每个独立的数据上取得更好的压缩效果。

在 Cloth、FaceA 数据上与多种方法的对比效果如图 5-25 所示,包括 GLCoder[159]、Coddyac[158] 和 Softbody[160],基于 1D-vector 的压缩时空自适应分割[149] 和基于矩阵重组的三种重塑方法。对于每个数据,重建误差均通过 KGError 和 STED 进行测量。值得注意的是,我们没有绘制 Softbody 的结果,因为它的 STED 误差明显大于其他方法。由图 5-25[161]可知在未使用优化方法的情况下,在较为简单的数据如桌布上,压缩性能已经优于其他方法,而优化方法进一步提升了压缩性能。比较三种优化方法可以发现,Row-wise 和 Arch-wise 的提升效果优于 Curl-wise。

表 5-2　不同重组方案下的算法性能

动画数据	顶点	帧数	误差（KGError）	压缩比（bpvf）			
	V	F	%	1D-vector	Row-wise	Arch-wise	Curl-wise
Cloth	2750	200	0.86	1.01	**0.84**	0.85	0.87
Flag	2750	1001	0.87	7.38	**7.15**	7.12	7.23
FaceA	662	1064	0.57	0.27	**0.18**	0.18	0.18
FaceB	608	1473	0.57	0.42	**0.29**	0.29	0.30
March	10002	250	0.56	6.62	**6.15**	6.16	6.41
Handstand	10002	175	0.69	6.33	**5.88**	5.88	6.12
Horse	8431	48	0.64	17.48	15.39	**15.38**	16.30
Gorilla	15006	55	0.23	6.99	**5.67**	5.67	6.10
Michael	15007	55	0.77	5.82	**4.61**	4.71	5.06
Camel	21885	49	0.56	19.83	**16.93**	16.94	17.95
平均性能提升/%	—	—	—	1	**20.63**	20.49	16.88

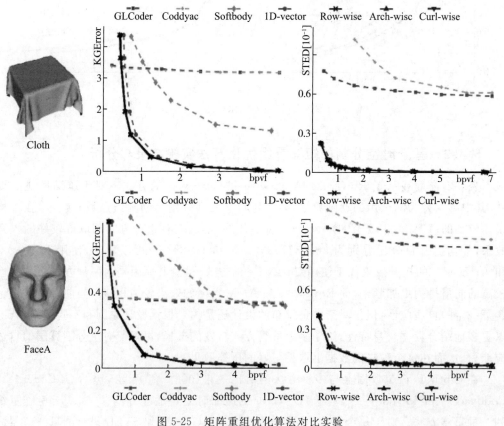

图 5-25　矩阵重组优化算法对比实验

5.4.3　基于 eK-means 聚类优化算法实验结果与分析

本节使用 Cloth、Chicken、Horse 和 Michael 四个三维动画数据进行实验。使用 bpvf 衡量三维动画压缩比,对于有 M 帧且每帧有 N 个顶点的三维动画序列,计算公式如下

$$\text{bpvf} = \frac{n_{\text{encode}}}{MN} \tag{5-27}$$

式中,n_{encode} 表示经过熵编码后的总比特数。

为了准确衡量实验在三维动画中的重构误差,使用由 Karni 和 Gotsman[160] 提出的 KGError 对比实验结果。计算公式如下

$$\text{KGError} = 100 \times \frac{\|G - \hat{G}\|_F}{\|G - E\hat{G}\|_F} \tag{5-28}$$

式中,G 代表三维动画原始的坐标矩阵;$\hat{G}$ 代表三维动画压缩复原后的坐标矩阵;$E\hat{G}$ 代表所有帧坐标矩阵的平均值;$\|\cdot\|_F$ 代表弗罗贝尼乌斯范数(Frobenius Norm)[160];系数 100 是为了使 KGError 以百分比的形式表示。

图 5-26 中的 Improved JPEG 代表基于 JPEG 的三维动画压缩优化算法,分别展示了 Cloth、Chicken、Horse 和 Michael 四个三维动画数据使用本章提出的 Improved JPEG 算法与 Softbody、Coddyac 和 GLColder 的对比效果。重构误差通过 KGError 来衡量,压缩比使用 bpvf 衡量,相关分析如下。

1. Improved JPEG 与 Coddyac、GLColder 的对比分析

从图 5-26 中可以看出,在四个三维动画数据上,Coddyac 和 GLColder 的曲线基本重合,说明它们的性能表现相似,并且两种算法均与本章提出的 Improved JPEG 算法有相交点。当 bpvf 大于交点时,Coddyac 和 GLColder 的重构误差远远大于 Improved JPEG,说明此时 Improved JPEG 的性能优于 Coddyac 和 GLColder;当 bpvf 小于交点时,Coddyac 和 GLColder 的重构误差小于 Improved JPEG,但对于三种算法来说,此时整体的误差处于一个较大的区间。对于三维动画压缩来说,我们追求的目标是在尽可能不损失精度的前提下,寻找到一个压缩效果好的算法,要兼顾压缩比和重构误差,而 Coddyac 和 GLColder 的曲线整体平稳,重构误差整体较大,无法平衡压缩比和重构误差。对于 Improved JPEG,在四个三维动画数据上都能找到一个拐点,在这一点上压缩比和重构误差得到了极大的平衡,又因为拐点和上面提到的曲线交点处的 bpvf 之间的差距远远小于两者重构误差之间的差距,说明 Improved JPEG 只是损失了较小的压缩比,但是重构误差得到了很大程度的降低。综上所述,Improved JPEG 整体优于 Coddyac 和 GLColder 算法。

2. Improved JPEG 与 Softbody 的对比分析

从图 5-26 中可以看出,除 Cloth 以外,Softbody 与 Improved JPEG 的性能基本一致,

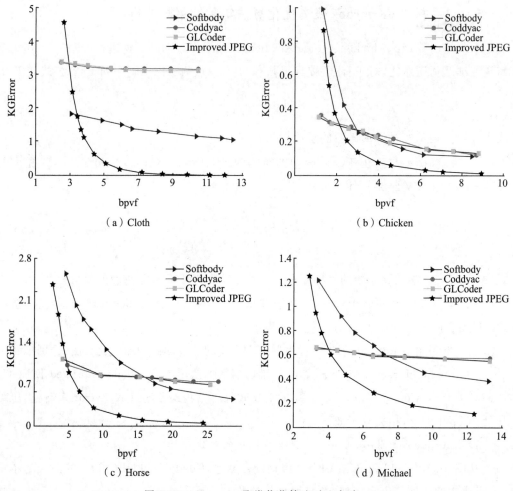

图 5-26 eK-means 聚类优化算法对比实验

当压缩比相等时,Softbody 的重构误差总是大于 Improved JPEG,所以 Improved JPEG 优于 Softbody 算法。

综上所述,通过对比本章提出的 Improved JPEG 算法和 Softbody、Coddyac、GLColder 三个算法,Improved JPEG 表现出了良好的压缩效果,表明 Improved JPEG 具有有效性和优越性。

5.4.4 基于 LLE 降维算法的压缩优化方法实验结果与分析

本实验比较了三维动画使用和未使用 LLE 降维算法进行帧分类的两种情形,结果如图 5-27 所示。

从图 5-27 中可以看出,对于帧数较多、每帧的顶点数较少的 Cloth 三维动画,使用 LLE 降维算法进行帧分类后的压缩效果有所提升;对于帧数较少、每帧的顶点数较多的 Horse 和 Michael 三维动画,使用 LLE 降维算法进行帧分类后的压缩性能有极大的提

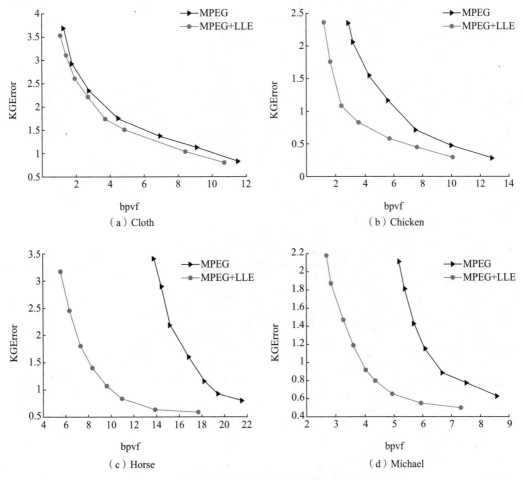

图 5-27　使用 LLE 降维算法对压缩性能的影响评估

升。这说明 LLE 降维算法对于顶点数较多的帧具有更好的效果。随着硬件采集设备的快速发展,三维模型的精细程度越来越高,三维模型的顶点数也会越来越多,使用 LLE 降维算法对三维动画进行帧分类可以发挥更大的作用。

5.4.5　基于 DZIP 算法的压缩优化方法实验结果与分析

本实验比较了两种情形,分别是使用 DZIP 算法无损压缩 I、P 帧数据和使用原 DCT 算法有损压缩 I、P 帧数据。使用 DZIP 算法无损压缩性能的影响评估如图 5-28 所示。

从图 5-28 中可以看出,使用 DZIP 无损压缩 I、P 帧在四个三维动画上的表现均相似,都极大地减小了解码后的重构误差,尽可能还原了原始三维动画数据,这表明 DZIP 无损压缩算法在优化基于 MPEG 的三维动画压缩算法实现压缩效果的提升方面起到了较大作用。

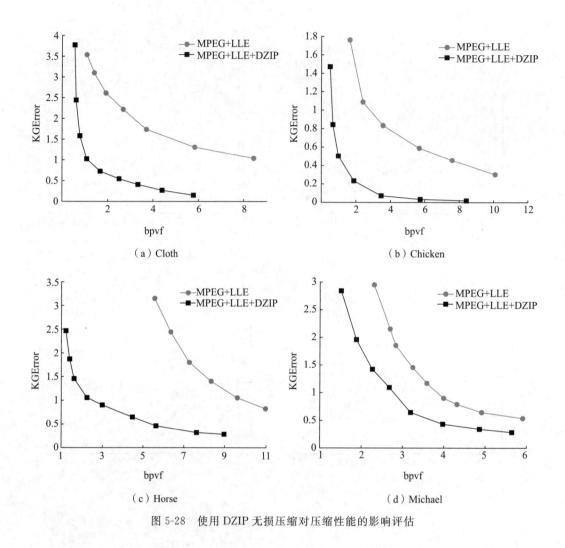

图 5-28　使用 DZIP 无损压缩对压缩性能的影响评估

5.5　本章小结

随着图形学技术的发展，三维动画数据正在逐渐成为继文字、语音、图片和视频之后的另一种主流数据载体，已经被广泛应用于数字娱乐、影视、医学和虚拟现实等领域。在诸多应用领域的强烈需求驱动下，三维动画已经逐渐成为计算机图形学领域重要的研究对象。随着动作捕捉和三维模型扫描技术的快速发展，三维动画的获取方式走向多样化和便捷化，但是受到带宽和存储容量的限制，三维动画的传播和普及仍受到一定的制约。如何有效压缩三维动画数据，降低网络带宽压力，已经成为图形学领域的重要研究方向。诸多学者致力于研究图像和视频压缩，并制定了相关标准，如基于时空分割的动画压缩算法、JPEG 图像压缩算法和 MPEG 视频压缩算法。视频和三维动画都由静态帧组成，一个静态帧可以看作一个图像，但是区别于规则的图像及视频数据，三维动画中模型的顶点是无序的，因而本章探讨优化上述算法，使其适用于三维动画压缩。

　　本章分别介绍了基于时空分割的三维动画压缩算法、基于 JPEG 的三维动画压缩算法和基于 MPEG 的三维动画压缩算法以及多种优化方法,主要借鉴了 MPEG 的运动补偿技术,并结合三维动画的数据特性进行优化。

　　首先构建了三维动画压缩技术的总体框架,其次描述了三维动画的三大生成方式和三种动画压缩算法的原理,然后对算法进行了优化,基于时空分割的优化算法主要考虑时空分割块之间的关系,由于 PCA 算法并不是无损压缩,因此每个块内部会存在一定的损失,每个块内保留的主成分数也可能不一样,相邻块的数据损失并不完全相同。当在恢复过程中把时空分割块重组起来重构完整的动画数据时,可能会在边界处产生较大的不一致性,因此通过边界编辑的优化方法,每个时空分割块中保留相邻块中的二领域数据,增强边界处的一致性,以得到表面较为平滑的复原模型。MPEG 算法使用了固定的排序对每一帧进行 I、P、B 的分类,应用三维动画压缩效果较差,因此使用 LLE 降维算法对三维动画进行降维,根据降维特征对每一帧进行分类。三维动画的每一顶点都是高精度的浮点型数据,在使用 DCT 过程中会损失精度,在运动补偿的前向预测、双向预测时会二次损失精度,因此提出了对 I、P 帧进行无损压缩,保证压缩后的精度,同时对数量最多的 B 帧保持 DCT 有损压缩,使压缩比得到了保障。最后对实验结果进行了分析,结果表明优化后的三种压缩算法可以明显提升对三维动画数据的压缩效果。

第 6 章　总结与展望

本书对三维模型处理技术与三维动画压缩技术进行了详细介绍,主要从大规模三维建模技术、三维模型快速消隐技术、三维模型快速剖切技术和三维网格动画数据的自适应压缩及优化等方面进行了归纳整理。本章主要讲述虚拟现实技术与相关产业的发展趋势,并对研究成果进行总结,最后指出下一步的研究工作。

6.1　虚拟现实技术发展前景

虚拟现实是一个逐渐形成的概念,其技术随时间的推移在不断地发展,并在其发展的过程中内涵也在不断地调整与丰富[162]。我们可以从虚拟现实技术的发展和市场对虚拟现实的反应中看出虚拟现实技术和产业发展的趋势,虚拟现实产品成为主要潮流,头戴式显示器逐渐成为虚拟现实主流设备。由互联网数据中心表明,2018 年头戴式显示器的销量比前一年增长了 440 万台,并且连续五年平均增速为 50% 左右。到 2022 年,虚拟现实和增强现实的设备交付量达到 6800 多万台,近两年略有下降。此外,VR 硬件设备供应商发生了较大的变化,主要以巨头公司为主,目前主流制造厂商有 HTC、索尼、三星等。虚拟现实市场逐渐得到业界的认可,核心器件厂商已正式跟进,高通等主流芯片厂商发布了专门为虚拟现实应用优化的芯片,Google 和 LG 也为虚拟现实打造了专用的 OLED 显示屏。这表明虚拟现实的市场潜力得到了整个行业的认可,VR 头戴式显示器预计将迎来一次技术上质的飞跃,整个虚拟现实行业也将迎来新一轮的发展高潮。

可以预见的是,短时间内,玩家们可以使用相关的装备在虚拟游戏空间中体验身临其境的感觉。从虚拟现实技术的发展历程中可以看出,虚拟现实技术的探索依旧会遵循低成本、高性能的原则,从硬件与软件两个部分进行研究,其发展的趋势主要归纳为以下几点[162]。

6.1.1　5G 技术

5G 技术正在逐渐普及,5G 技术提供的速度比现有移动网络快约 20 倍,网速提升的好处不仅在于更快地传输数据,还为提供不同类型的数据和服务创造了可能性。这可能包括运行虚拟现实所需的大量数据,使无线和基于云的 VR 和 AR 成为可能。例如,VR流媒体平台 PlutoSphere 和其他提供类似服务的公司允许用户从云服务器流式传输 VR游戏,用户无须拥有配备强大图形硬件的昂贵游戏 PC 即可享受家庭 VR。游戏往往是目前医疗保健和教育等其他行业的大部分 VR 技术的实验台,因此我们可以期待在未来出现针对其他用例的类似解决方案。许多企业希望在不进行大量基础设施投资的情况下部署虚拟现实解决方案,5G 技术的出现将大大降低企业进入的门槛。

6.1.2　数字孪生

近年来,国内外的研究热点已经转到数字孪生技术上。自 2016 年起,全球领先的研究咨询公司高德纳(Gartner)已连续四年将数字孪生技术列为十大战略技术发展趋势之一。自 2010 年美国国家航空航天局(NASA)首次引入数字孪生概念至今,国际范围内的科研机构和企业(如美国空军研究实验室、洛克希德·马丁公司、波音公司、诺斯罗普·格鲁曼公司以及通用汽车公司等)积极投入航天领域数字孪生技术的研究与探索。国内方面也展开了广泛的数字孪生技术研究。自 2017 年起,每年都举办数字孪生学术会议,中国电子信息产业发展研究院、中国电子技术标准化研究院以及工业互联网产业联盟等工信部下属机构分别发布了《数字孪生应用白皮书》和《工业数字孪生白皮书》,为巩固和深化数字技术领域的共识奠定了坚实基础[163]。

如果说创造一个完全虚拟的世界是虚拟现实的目标,那么创造一个虚拟版的现实就是数字孪生的目标[164]。数字化转型的概念和目标可以通过使用数字孪生技术来实现,这是解决数字模型和物理实体之间交互问题的重要技术。它对于支持整个产品开发过程和管理一体化、生产和科学研究的综合创新至关重要。因此,需要对数字孪生的概念进行更多的研究,特别强调要推进数字孪生技术的研发[163],开发和构建适合航天领域的工具平台和应用模式已迫在眉睫,这也是我国工业领域进一步改革发展的大趋势。

数字孪生的雏形"镜像空间模型"(图 6-1)最早由美国密歇根大学 Michael Grieves 于 2003 年在产品生命周期管理(Product Lifecycle Management,PLM)课程提出,随后在与 NASA 和美国空军研究实验室的合作过程中对该概念进行了丰富,强化了基于模型的产品性能预测与优化等要素,并将其定义为"数字孪生"[163]。

图 6-1　数字孪生镜像空间模型

对产品实体的精细化数字描述被认为是国内外研究学者对数字孪生的认识和理解。基于数字模型的模拟实验可以在整个产品生命周期中管理相关数据,更准确地反映物理产品的特性、行为、形成过程和性能,并具备虚实交互能力,实现实时数据关联和映射到数字孪生。因此,在进行产品识别、跟踪和监控的同时,利用数字孪生来预测和分析模拟物品的行为,诊断和警告缺陷,发现和记录问题,并实现最佳控制。

根据数字孪生技术特点,数字孪生技术架构可以分解为专业分析层、虚实交互层和基础支撑层(图 6-2),数字孪生技术构建在安全互联和高性能并行计算技术的基础之上。它是基于 PLM 的数据管理技术,实现了对整个产品生命周期数据的精细管理,通过精确的建模和仿真技术,能够准确地表达数字化产品。此外,数字孪生还结合信息物理系统(Cyber-Physical Systems,CPS)的实时数据采集,利用数据模型融合技术、交互与协同技术以及优化控制技术等,实现了智能决策、诊断预测、可视化监控和优化控制等功能[163]。

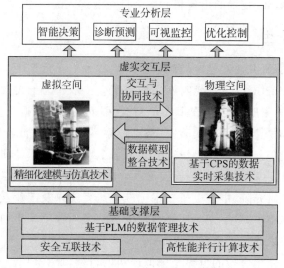

图 6-2　数字孪生技术架构

其中精细建模和仿真是指从几何、功能和性能方面对产品进行跨学科仿真的耦合,它连接了不同时间尺度的物理过程,以精确地构建表示物理实体的外观、运动和性能的模型。精细几何建模、逻辑建模、有限元建模、多物理场建模、多学科耦合建模和仿真实验是当前精细化建模和仿真技术研究的重点。这些技术的创新可以对物理实体进行高保真模拟和实时预测,主要方法包括基于特征的三维建模技术、基于 SysML 的逻辑建模技术、基于有限元的多物理场耦合仿真技术、基于多学科耦合性能仿真技术、基于数据库的微内核数字孪生平台架构、模型自动生成和在线仿真数字孪生建模技术等[163]。

1. 数据模型融合技术

为了实现动态评估,可以通过数据模型融合对多个领域模型进行实时更新、校正和优化。目前国内外的研究人员正在通过神经网络、遗传算法和强化学习等技术,实现结构、过程和各种物理场等数据模型融合。

2. 基于 CPS 的数据实时采集技术

基于 CPS 的数据实时采集是指基于 CPS 通过可靠传感器及分布式传感网络实时准确地感知和获取物理设备数据。目前,国内外研究学者主要提出了传感技术、现代网络及无线通信技术、嵌入式计算技术和分布式信息处理技术等关键技术,并在拓扑控制、路由协议和节点定位方面取得突破。

3. 交互与协同技术

交互与协同指利用虚拟现实(Virtual Reality,VR)、增强现实(Augmented Reality,AR)和混合现实(Mixed Reality,MR)等沉浸式体验人机交互技术,实现数字孪生体与物理实体的交互与协同。目前,交互与协同技术主要用作视觉、听觉等呈现的接口,以智能监控和评估物理实体,从而指导和优化复杂设备的制造、测试、操作和维护。

4. 安全互联技术

安全互联技术是指为数字孪生模型和数据的准确性、有效性和保密性提供安全保护和防篡改的技术。目前的研究主要基于区块链技术,组织和确保数字孪生数据不被更改、可跟踪或可追溯,并预测和获得针对数字孪生模型和数据管理系统攻击的最佳安全策略。

5. 高性能并行计算技术

通过优化数据结构、算法结构等技术,高性能并行计算能够增强数字孪生系统使用计算平台的计算性能、实时传输网络性能和数字计算能力。基于云计算技术的平台目前可以给数字孪生系统提供云计算资源和大规模数据中心,通过按需和分布式共享计算模型满足其计算、存储和运营需求[163]。

6.1.3　数字人

虚拟现实技术是为了更好地帮助人们进行研究和工作,随着技术的不断发展,为了模拟出更加真实的情况,增强用户的体验感,将数字人纳入虚拟现实环境,已成为许多虚拟现实系统构建的标准技术。研究的关键是在虚拟现实场景中对不同人体的特征(个人行为、姿势、心理和感知)进行数字描述,这是对实际人类特征的数字再现,如图 6-3 所示。数字人技术通常具有以下特征。

(1) 具有与人体相同的几何结构并且具有独特的外观。

(2) 能够自然地与其他数字人或真实的人进行交流。

(3) 能够通过计算机或真人控制他们的动作和姿势。无论使用何种方法,他们的个人行为都表现出与真实的人相同的行为特征。

(4) 能够与周围环境接触,感知周围环境,并与周围环境互动[5]。

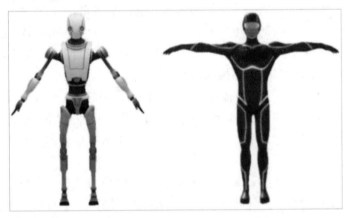

图 6-3　数字人物 Space Robot Kyle 和 Qavatar(来源于:GitHub)

人体模拟和分析是现代计算机行业中一个重要且活跃的研究领域。如今,机械设备通常需要数字人先进行虚拟测试,再进行实际的装配,大大提高了工作效率。数字人的出现,不仅提高了虚拟环境的沉浸感和逼真度,而且改变了人机之间单方面、枯燥和生硬的通信方式,使得人机交互更具人性化。

通过对人体骨骼结构、人机工效以及运动方式的分析,该领域的技术专家现在已经可以绘制出与真人无异的人体形态,随着虚拟现实技术的发展,数字人技术提供了一种非常有效的人体模拟工具。逼真高效的姿势、人工智能、角色表达系统和人群模拟等领域的发展是当今全球数字人研究的主要关注领域。运动捕捉技术是目前唯一能够为数字人提供逼真姿势的技术。

宾夕法尼亚大学人体建模与仿真中心进行了人体平面、行走模型的开发，并利用参数化数字人体模型进行反向运动、脊椎建模、运动捕捉、智能运动规划等主题研究。关于数字人的研究有以下两大类。

(1) 建立数字人的三维模型。为了更充分地开发数字人的三维模型，需要对数字人在计算机中的几何表示进行科学研究，并对数字人形态的构建和所占据的几何空间进行描述。

(2) 数字人的运动控制。为了研究数字人在计算机生成空间中的动态特性，实现数字人姿势和动画的逼真呈现，有必要研究人类运动的基本规律，并提供直观易懂的控制方法。目前，科学研究的重点是模拟人脸运动和数字人体肢体运动。

为了使虚拟场景中人体运动更接近于现实场景中的人体运动，首先需要分析真实的骨骼结构，掌握真实世界中人类的运动规律；其次，有必要掌握所用数字人的人体模型结构，并熟练地对数字人进行控制；最后，还需要了解虚拟场景中操纵人体运动的方法，并根据实际情况选择最适合的方法。

从人体解剖学的角度来看，人体运动由关节、骨骼和相连的肌肉组成；人体在空间中的复杂动作取决于人类感官系统的协调和每个附属物之间的共同变化。在运动过程中，人体骨骼的形状和长度不会改变，只是关节的角度发生改变。成人通常有 206 块骨头，人的骨骼是通过骨头的关节连接形成，人体骨骼以对称顺序排列，中轴是躯干骨，顶部是头骨，两侧分别是上肢骨和下肢骨[165]。因为人的骨骼数量很多，所以在进行人体模拟时必须简化人体的骨骼。从机械的角度来看，人体中的骨骼有一定的刚性，因此使用多个刚性实体组成的系统模型来表示人体骨骼。著名的 Hanavan 模型将人的骨骼划分为 15 个刚体，每个刚体通过一个球连接，其结构如图 6-4 所示。

根据 Hanavan 人体模型，将身体分为 15 个部分：头部、上躯干、下躯干、左右大臂、左右小臂、左右大腿、左右小腿、左右手和左右脚。与人类肌肉和骨骼的复杂程度相比，这种划分并没有显示出大量的数据内容，但它是在满足人体基本运动的前提下划分人体骨骼最简洁的方法。

在数字人关节分析中，QAvatar 是一个类真实人物的角色模型。QAvatar 虚拟角色可以同人类一样实现动作的无缝转换，我们可以通过不同的方法对数字人的动作进行编辑和控制，但前提是我们需要对数字人的骨骼进行了解和分析。QAvatar 数字人是根据 Hanavan 人体模型来进行划分的，数字人体骨骼分为头部、左右手、左右小臂、左右大臂、左右脚、左右小腿、左右大腿、躯干和盆骨 15 个部分[5]，其各部分的具体名称和位置如图 6-5 所示。

连接人体每个关节的骨架和关节组成了骨骼，它描述了每个肢体运动之间的联系。QAvatar 数字人使用树结构来进行关节的描述，完成自上而下的关节层次的构造。在这里将数字人体抽象为简单的刚体几何体，关节抽象为一个球体，并在具体的运动里加以约束。从人体运动原理可以推断，人体关节之间存在依赖关系，关节运动之间是相互连接的。因此，将数字人体关节进行层次化的划分[5]，如图 6-6 所示。

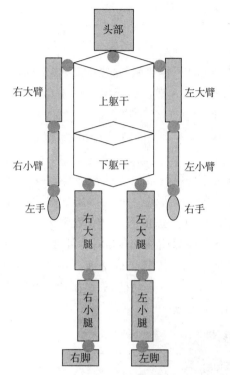

图 6-4　Hanavan 人体模型[166]

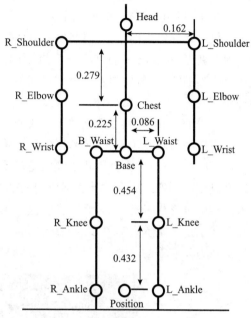

图 6-5　QAvatar 数字人体骨骼模型[5]

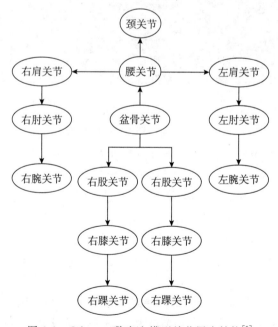

图 6-6　QAvatar 数字人模型关节层次结构[5]

　　基于对数字人关节层次结构的分析可知,颈关节是上躯干的子节点,肩关节是肘关节的父节点,肘关节是腕关节的父节点。也就是说,子节点将依附于父节点运动,且子节点的运动不会影响父节点的运动[5]。

6.1.4　元宇宙

元宇宙(Metaverse),或称为后设宇宙、形上宇宙、元界、魅他域、超感空间、虚空间,是一个聚焦于社交链接的三维虚拟世界的网络[167]。大多数人都认为元宇宙将成为下一代互联网的新形态,会将人们带入一个崭新的网络时代[168],但至于什么是元宇宙,至今没有一个明确的定义,不同学者也有着不同的解读。本节主要讨论元宇宙的由来、核心技术和应用领域。

元宇宙的内涵是:利用数字技术形成的高度沉浸式虚拟化的数字世界,在其中人们可以借助高度的仿真体验模拟并从事真实世界的大部分社会活动。从元宇宙的概念上来看,会发现它和我们过去数字化进程的逻辑是一脉相承的。也就是说,虚拟化和元宇宙是互联网诞生的必然结果。在互联网应用的早期,尽管其主要用途和科研等专业领域,但其内部用户中也形成了类似的网络社区,这是第一个互联网虚拟社会的基础。互联网现在已经形成了一个基本人际关系的网络结构,并实现了基本的社会功能,如娱乐和交互。这可以被视为元宇宙的雏形[169]。元宇宙的场景如图 6-7 所示。

图 6-7　元宇宙的场景(来源于:头号玩家官方海报)

与网络扩张的相关数字技术也在同步发展,如大数据和人工智能。大数据和人工智能技术的进步为元宇宙中智能控制技术的创造奠定了基础。元宇宙的概念之所以被提出,很大程度上是因为数字技术本身以及相关生物信息学技术的快速发展。在经济和社会的许多领域,包括区块链、电子商务、在线游戏、数字经济和智能城市在内的许多数字技术的扩展,也为元宇宙的产生做好了技术准备。尤其是继 2016 年虚拟现实元年以来,VR 技术迅猛发展,使得元宇宙的诞生成为可能[169]。

元宇宙的核心技术主要分为 VR/AR 技术、人工智能技术、3D 建模技术、边缘计算和5G 技术五个方面。

(1) VR/AR 技术。从本质上讲,元宇宙的定义是为用户提供身临其境的体验,如果没有 VR 技术和 AR 技术,将不可能有这种体验。未来,元宇宙可能会从 VR 扩展到更具未来感的技术。用户只需要有一部智能手机就能获得基本的 AR 体验。据数据机构Statista 调查,全球 83.96% 的人口拥有智能手机,这意味着 AR 技术可能成为元宇宙发展的主要推动力。

（2）人工智能技术。尽管 VR 技术和 AR 技术走在元宇宙的前沿，但人工智能也是一项重要的技术，它为元宇宙提供幕后的技术支持。人工智能技术对数据计算和预测最有效，能够帮助改进算法，改善用户在 VR 中的交互方式，如用户虚拟头像的创建、自然语言处理和翻译以及虚拟世界生成。人工智能还可以通过为视障用户提供图像识别等服务来使元宇宙体验更具包容性。

（3）3D 建模技术。3D 建模技术要成为一个真正的沉浸式平台，元宇宙需要真实的三维虚拟环境。除了在 Blender、3ds Max 等软件中从头开始构建对象外，现在还可以使用传感器重建 3D 对象，并在虚拟环境中使用 3D 对象。3D 技术能提高消费者对供应链的可见性，了解产品的来源和加工方式。尽管在 VR 中的虚拟环境完全数字化用户整个身体的技术还没有出现，但虚拟对象是下一个最重要的内容。在元宇宙中，能够正确地创建和使用虚拟 3D 对象非常重要。

（4）边缘计算。边缘计算在商业中很受欢迎，它能够以更少的延迟、更快的速度传输数据，这对于虚拟空间中的高质量沉浸式体验是必要的。数百万人在世界各地同时进行虚拟体验时，云计算根本无法维持系统所需的全部处理能力。而边缘计算可以使处理更接近每个用户，使整个体验更加流畅。

（5）5G 技术。元宇宙的核心是相互连接的虚拟体验，但是这样的虚拟体验需要使用的大量数据。5G 技术是最新的移动趋势之一，近年来一直在不断发展，为实时数据传输提供了必要的动力。更重要的是，5G 将使人们能够从任何地方连接到这些 AR/VR 体验，而不仅仅是在家中。回到边缘计算，通过 5G 获得的更多带宽意味着 VR 渲染可以在边缘设备上完成并传输到用户的头戴式显示器，这意味着未来几年 VR 头戴式显示器的尺寸可能会缩小，从而让用户感觉更加舒适[170]。

元宇宙有许多应用的可能性。在可见的未来，元宇宙将逐步应用于各种领域中。例如，娱乐领域、电子商务与数字交易领域、数字劳动领域、数字教育和科研领域以及军事领域。

（1）娱乐领域。从元宇宙众多早期技术突破的角度来看，3D 电影、3D 游戏、VR 和 AR 等技术无疑是第一个被用于个人娱乐领域的技术。元宇宙中也会出现这种情况。元宇宙的娱乐性与传统的 3D 系统不同，它让观众沉浸在新的娱乐环境中，并给他们另一个世界的感觉。这个世界中的每一个物体都试图尽可能地模仿实际物体，无论是在形态上，还是在它们各自拥有的品质和运动模式上，以及它们如何与其他物体和人的互动上。因此，不断完善的元宇宙将成为人类的终极娱乐形态——在另一个世界真实地扮演一个人[169]，如图 6-8 所示。

（2）电子商务与数字交易领域。可以使用元宇宙创建许多元宇宙体验商店，从而实现对特定物品的沉浸式体验。除了与传统电子商务整合外，元宇宙中的数字商品交换也将变得越来越重要。用户可以在元宇宙中相互交换虚拟商品，如虚拟土地和虚拟房地产等。大量数字物品将在元宇宙中生产和交易，创造一个类似于现实世界的经济系统，并在元宇宙平台中具有更多的所有权和体验价值[169]，如图 6-9 所示。

（3）数字劳动领域。在元宇宙中，工作场所更具参与性。用户可以通过虚拟对象查看文字与头像，以及他们的面部表情、肢体语言和动作。与腾讯会议和钉钉等主要依赖文

图 6-8　元宇宙与游戏娱乐[6]

图 6-9　元宇宙与数字交易(来源于:CTOvision)

本和视觉的平台相比,它们更像是人们自然交流的方式[171]。

　　(4) 数字教育和科研领域。近年来,互动式远程在线课堂成为教育的新形态。元宇宙与数字教育的结合可以克服无法全身心沉浸的缺陷,并支持数字教育的发展。元宇宙课堂为在线教育提供了新的发展选择,使学生能够进行体验式学习和沉浸式参与。它允许师生在虚拟环境中进行互动[171],如图 6-10 所示。此外,利用元宇宙构建更好的科技工作者的交互平台显然也是可行的。

图 6-10　元宇宙与教育[6]

（5）军事领域。元宇宙早期的技术，如虚拟现实和增强现实就已经被充分利用在军事训练中，例如战术增强现实（Tactical Augmented Reality，TAR），这是一种看起来类似于夜视镜（Night Vision Glass，NVG）的技术，但它具有更多功能。它可以显示士兵的精确位置以及盟友和敌对部队的位置。该系统以与护目镜相同的方式连接到头盔上，可以在白天或晚上的任何时间使用。因此，TAR 有效地替代了标准的手持 GPS 小工具和眼镜。一个拥有卓越军事元宇宙系统的国家，无疑将拥有更先进的军事人工智能、远程控制技术和作战态势感知能力，所有这些都将有助于扩大军事优势[169]。

6.2　总结与下一步研究工作

6.2.1　研究成果总结

在"工业 4.0"的时代背景下，源于数字化理念的智能工厂、智能生产等概念被相继提出，数字化技术体现在我们生活中的方方面面，智能手机、智能家居都是贴近生活的数字化技术的应用。除了与人民生活息息相关的数字化应用以外，"工业 4.0"十分强调使用数字化技术来挑战既定的工业生产模式，在过去的两年里，智慧城市和数字化工厂的想法涌入市场，这需要引入新的、更为有效和智能的建模技术来提供支持。然而，国内外学者在探索这些建模方法时也面临着一系列挑战。特别是在涉及精细设备和真实环境建模的场景，如变电站和化工厂，数据的三维量巨大，这导致了现有建模方法的性能无法满足生产和生活的需求。此外，牺牲数据精度可能会导致建模质量下降。因此，在对大规模、结构复杂的对象进行重建时，如复杂建筑、工厂设备和桥梁结构等，仍然没有一个完善的解决方案。尽管国内外的学者已经开始研究自动建模方法，并且已经取得了相当逼真的重建效果，但由于原始数据存在缺陷，对于大型场景的重建仍未能够达到完全自动化创建所需的质量水平。特别是在工业场景中，由于包含复杂的精密设备和繁杂的室内布局，自动化重建任务更为复杂且具有挑战性[16]。

本书在充分分析三维动画和图像、视频异同的基础上，对三维动画数据进行结构化处理，研究如何将 JPEG 图像压缩算法和 MPEG 视频压缩算法应用到三维动画压缩领域，为减少三维动画数据的冗余，提出了一种基于时空分割的三维动画压缩算法。因此，本书的研究工作具有一定的理论意义和较强的实用价值，具体内容如下。

（1）对虚拟现实技术的研究现状及发展历程做了概括，对当前虚拟现实系统的主要流派进行了详细阐述，并对不同系统进行了对比与分析。

（2）提出了基于等高线的三维地形模型生成方法。该方法可以使用地形的等高线数据作为输入来创建平滑且真实的三维地形模型。首先通过对等高线进行均匀采样，在三维网格表面上进行插值，插值过程中融合了岭回归方法以进行初步的平滑优化；其次使用卷积平滑方法对地形进行进一步的优化和平滑，以获得具有平滑度和逼真性的三维地形模型[16]。

（3）提出了大规模三维场景的快速剖切方法。该方法以大规模的三维场景模型和切割平面为输入，首先对输入模型的数据进行预处理，以创建清晰且高效的数据结构；其次，基于当前的数据结构，迅速定位被切割的三角面片，并计算相交点；最后，为了生成当前切割平面的切割轮廓图像,需要将相交点集合闭合为封闭轮廓,并进行孔洞填充。在整个过程中,还利用 GPU 进行性能优化[16]。

(4) 提出了基于 Z-buffer 算法优化的大型变电站场景模型快速消隐方法。首先,为了简化计算,将场景模型数据整合并重构;其次,通过透视投影变换将变电站场景模型像素化;再次,基于 Z-buffer 算法高效的像素化计算特性提出了快速模型筛选方法,从而得到变电站场景的子模型遮挡关系;最后,实验中将所得遮挡关系列表融合现有消隐算法,结果表明本文提出的方法能够大幅提升消隐的运算性能[57]。

(5) 提出了基于 JPEG 的三维动画压缩优化算法。首先调整 JPEG 三维动画压缩算法的流程,构建基于 JPEG 的三维动画压缩算法框架,使其能够适用于三维动画压缩;其次提出 eK-means 聚类算法,对读取的三维动画每一帧的顶点序列进行重新排序,将数据存储在矩阵中,使得三维动画数据结构化;再次优化得到最佳的三维动画数据的子块分割的尺寸以及量化表;最后将此算法与前人提出的算法进行对比,结果表明此算法压缩效果优于其他算法。

(6) 提出了基于 MPEG 的三维动画压缩优化算法。借鉴 MPEG 视频压缩算法的思想,将三维动画分成 I、P、B 三种帧进行压缩。具体而言,首先使用 eK-means 聚类算法对三维动画数据进行结构化处理;其次使用 LLE 降维算法对三维动画进行降维;再次利用降维后的二维特征对三维动画进行帧分类,以适应 MPEG 算法,并使用 DZIP 算法优化压缩策略;最后将此算法与前人提出的算法进行对比,结果表明基于 MPEG 的三维动画压缩优化算法均优于其他算法。

(7) 提出一种基于时空分割块边界编辑的压缩优化方法。在复原过程中,简单地组合分割块会导致边界区域出现较大的误差。采用边界编辑的方法可以降低这些误差,从而在减少动画数据量的同时减小误差,这也是优化算法的研究目标之一[17]。

(8) 提出了一种基于时空分割块矩阵重组的压缩优化方法。当不同的动画数据在时间和空间上进行分割后,所得到的数据块也各自不同。通过应用压缩算法对每个数据块进行处理,优化算法的主要任务就是探索这些数据块之间的相似性[17]。

6.2.2　下一步研究工作

本书对大规模三维电力场景的建模、消隐、剖切与三维动画压缩技术提出了新的思路和方法,并且取得了令人满意的成果。在回顾已有工作的过程中,我们也发现了许多有待探索的研究方向。在未来的工作中,可以考虑从以下几个角度入手。

(1) 大规模三维电力场景的实时渲染方法。三维电力场景的设计主要工作在于实时渲染,它决定着用户能否在切换视角后无卡顿地预览电力场景中的电力、电器设备,对于变电站的设计与布局有重要的作用。

(2) 在电力领域的场景中,涉及三维元器件的布尔运算方法。三维模型的布尔运算是计算机图形学中的一项基础几何建模技术,它在单个三维模型的情况下已经相当成熟。然而,在处理大型三维场景时,布尔运算的性能通常无法满足工程实际需求。

(3) 实时呈现大规模高精度变电站场景是一项具有挑战性的任务。复杂三维场景展现系统的开发,特别是针对三维设计的系统,仍然是前沿技术研究的焦点。在国内,用于电力场景的三维设计领域主要由进口软件垄断,而国内类似的平台非常有限,且性能也不尽如人意[16]。

（4）目前,现有的动画压缩方法主要基于固定的拓扑关系,然而,现实世界中的三维动画通常不具备严格对齐的结构。因此,从顶点数目不固定或拓扑关系不固定的三维动画中提取特定顶点并建立一致的拓扑关系,是一个值得深入研究的问题。

（5）尽管三维动画已广泛应用,而且在压缩方向的研究中也取得了一定的进展,但多数研究侧重于拓扑或几何信息,相对而言,在属性信息方面的研究较为有限。因此,对于附加属性信息的三维动画压缩,可能会成为下一个值得关注的研究热点[17]。

（6）在基于 JPEG 的三维动画压缩算法优化工作中,通过几个经典三维动画数据的实验结果,选择了 32×32 子块尺寸,但是不一定适用于所有的三维动画数据。因此,在之后的工作中还可以设计一种根据三维动画数据本身的结构化特性自适应选择子块尺寸的方法,以提高三维动画的压缩效果和压缩算法的普适性。

（7）在基于 MPEG 的三维动画压缩算法优化工作中,针对 LLE 降维算法后的二维特征,由于以后的三维动画帧数会越来越多,可以结合深度学习的相关方法进行更智能、更精准的分类,以提高压缩算法的性能。

参 考 文 献

[1] 唐雪静.虚拟现实技术在未来建筑设计中的运用研究[J].建筑技术开发,2018,45(15):1-2.

[2] 强氧科技院校合作部.第一章 走进 VR[J].数码影像时代,2017(9):92-96.

[3] 杨青,钟书华.国外"虚拟现实技术发展及演化趋势"研究综述[J].自然辩证法通讯,2021,43(3):97-106.

[4] 余诗曼,许奕玲,麦筹璋,等.虚拟现实技术的应用现状及发展研究[J].大众标准化,2021(21):35-37.

[5] 管泽伟.基于动作捕捉的交互式虚拟现实系统用户行为一致性研究[D].南昌:华东交通大学,2022.

[6] 罗国亮.虚拟现实导论[M].北京:清华大学出版社,2022.

[7] 王建虎,陈佛连,狄小雪.基于 VRP-Builder 的桌面级虚拟现实课件的设计与开发[J].系统仿真技术,2017,13(1):69-73.

[8] 党保生.虚拟现实及其发展趋势[J].中国现代教育装备,2007(4):94-96.

[9] 李京燕.AR 增强现实技术的原理及现实应用[J].艺术科技,2018,31(5):92.

[10] 孔德龙,王蓉彬,段锐.虚拟现实技术在轨道交通信号实验教学中的应用研究[J].科技资讯,2019,17(28):70-71.

[11] 刘雁飞.虚拟现实技术在医学领域的运用与展望[J].电子技术与软件工程,2018(15):116.

[12] 兰岳云,梁帅.VR+教育及其教育的变革[J].浙江社会科学,2021(5):144-147,143,160.

[13] 陈笑浪,刘革平,李姗泽.基于虚拟现实技术的教育美学实践变革——新情境教学模式创建[J].西南大学学报(社会科学版),2022,48(1):171-180.

[14] 姜如波.基于倾斜摄影和近景摄影技术的实景三维模型制作[J].城市勘测,2018(3):95-98.

[15] 吴凌霄,段祝庚,江学良.无人机倾斜摄影测量构建悬索桥三维模型与病害检测——以邵阳市桂花大桥为例[J].科学技术与工程,2023,23(8):3153-3161.

[16] 王睿.大规模三维电力场景的建模与方法研究[D].南昌:华东交通大学,2021.

[17] 赵昕.基于时空分割的三维动画压缩及其优化方法研究[D].南昌:华东交通大学,2021.

[18] 刘双童,王明孝.基于倾斜摄影建模技术的三维地形实体模型制作研究[J].测绘与空间地理信息,2019,42(1):31-33.

[19] 薄杨,黄存东.基于 Kriging 插值算法的三维地形构造研究[J].长沙大学学报,2018,32(2):24-27.

[20] 高林,李洁,苏光义.基于 Android 的三维地形建模和实时显示技术[J].现代计算机(专业版),2017(18):52-56.

[21] 义崇政,廉光伟,付海龙,等.三维地形实体模型自动建模技术研究[J].测绘地理信息,2017,42(3):29-33.

[22] 李勇发,左小清,林思,等.基于 Skyline 的三维地形模型建立方法[J].价值工程,2016,35(25):270-272.

[23] 徐勇,马燕,康建成.基于轮廓草图的三维地形建模方法研究[J].计算机应用与软件,2016,33(3):126-128,175.

[24] 宋克志,王梦恕,谭忠盛,等.渤海海峡跨海通道地形三维可视化建模技术与实现[J].隧道建设,2016,36(2):137-142.

［25］王林林.三维地形在虚拟现实中的建模与算法研究［J］.电子技术与软件工程,2016(3):93-95.

［26］吴晓彦,顾韵华,张俊勇,等.基于聚类和动态 LOD 的三维地形建模方法［J］.计算机工程与设计,2015,36(2):469-475.

［27］PENG X Z. The Application of three-dimensional terrain Modeling based on GeoTIFF supported by Creator［J］. Applied Mechanics and Materials,2014,687:4101-4104.

［28］GOBBETTI E,KASIK D,YOON S. Technical strategies for massive model visualization［C］// Proceedings of the 2008 ACM symposium on Solid and physical modeling,2008:405-415.

［29］DIAZ-GUTIERREZ P,BHUSHAN A,GOPI M,et al. Constrained strip generation and management for efficient interactive 3D rendering［C］//International 2005 Computer Graphics,2005: 115-121.

［30］FALCHETTO M,BARONE M,PAU D,et al. Sort middle pipeline architecture for efficient 3D rendering［C］//2007 Digest of Technical Papers International Conference on Consumer Electronics,2007: 1-2.

［31］HUANG J,ROETCISOENDER G,VENKATASUBRAMANIAM B,et al. Massive model visualization with spatial retrieval:US9582613［P］. 2017-2-28.

［32］DI BENEDETTO M,GANOVELLI F,BALSA RODRIGUEZ M,et al. ExploreMaps:Efficient construction and ubiquitous exploration of panoramic view graphs of complex 3D environments［C］// Computer Graphics Forum,2014,33(2):459-468.

［33］BORBA E Z,MONTES A,ALMEIDA M,et al. ArcheoVR:Exploring Itapeva's archeological site［C］//2017 IEEE virtual reality(VR),2017:463-464.

［34］CARTER M B,BENNETT J S,HUANG J,et al. Massive model visualization in PDM systems:US9053254［P］. 2015-6-9.

［35］SÜß T,KOCH C,JÄHN C,et al. Asynchronous Occlusion Culling on Heterogeneous PC Clusters for Distributed 3D Scenes［C］//Advances in Visual Computing:8th International Symposium,ISVC 2012,Rethymnon,Crete,Greece,July 16-18,2012,Revised Selected Papers,Part I 8,2012:502-512.

［36］SERNA S P,SCOPIGNO R,DOERR M,et al. 3D-centered Media Linking and Semantic Enrichment through Integrated Searching,Browsing,Viewing and Annotating［C］//2011:89-96.

［37］MARTON F,RODRIGUEZ M B,BETTIO F,et al. IsoCam:Interactive visual exploration of massive cultural heritage models on large projection setups［J］. Journal on Computing and Cultural Heritage(JOCCH),2014,7(2):1-24.

［38］NOBORIO H,KUNII T,MIZUSHINO K. Comparison of GPU-based and CPU-based Algorithms for Determining the Minimum Distance between a CUSA Scalper and Blood Vessels［C］. BIOINFORMATICS,2016:128-136.

［39］CORDEIRO C S,CHAIMOWICZ L. Predictive lazy amplification:synthesis and rendering of massive procedural scenes in real time［C］//2010 23rd SIBGRAPI Conference on Graphics,Patterns and Images,2010:263-270.

［40］DU Z Q,LI Q X. A new method of storage and visualization for massive point cloud dataset ［C］. Proceedings of 22nd CIPA Symposium,2009.

［41］RODRIGUEZ M B,GOBBETTI E,GUITIÁN J A I,et al. A Survey of Compressed GPU-Based Direct Volume Rendering［C］. Eurographics(State of the Art Reports),2013:117-136.

［42］冯浩,樊红.三维城市规划中的三维模型三角网格自动消隐和分割技术［J］.武汉大学学报(工学版),2014,47(3):399-406.

[43] 徐越月,林大钧.用计算机实现线框模型的消隐技术[J].华东理工大学学报(自然科学版),2011,37(2):250-253.

[44] 李军民,袁青.三维线框模型物体的隐藏线消除算法与实现[J].西北大学学报(自然科学版),2012,42(6):931-934.

[45] RANDOLPH F W,KANKANHALLI M S. Parallel object-space hidden surface removal[J]. ACM SIGGRAPH Computer Graphics,1990,24(4):87-94.

[46] HSU W I,HOCK J L. An algorithm for the general solution of hidden line removal for intersecting solids[J]. Computers & graphics,1991,15(1):67-86.

[47] BAERENTZEN J A,NIELSEN S L,GJØL M,et al. Two methods for antialiased wireframe drawing with hidden line removal[C]. Proceedings of the 24th spring conference on computer graphics,2008:171-177.

[48] CAPOWSKI J J,JOHNSON E M. A simple hidden line removal algorithm for serial section reconstruction[J]. Journal of neuroscience methods,1985,13(2):145-152.

[49] EL GINDY H,AVIS D. A linear algorithm for computing the visibility polygon from a point [J]. Journal of Algorithms,1981,2(2):186-197.

[50] PIAZZA T A,SAMSON E C. Z-buffering techniques for graphics rendering:US7268779[P]. 2007-9-11.

[51] YU C H,KIM L S. A hierarchical depth buffer for minimizing memory bandwidth in 3D rendering engine:depth filter[C]//2003 IEEE International Symposium on Circuits and Systems (ISCAS),2003,2:II-II.

[52] WYMAN C,HOETZLEIN R,LEFOHN A. Frustum-traced raster shadows:Revisiting irregular z-buffers[C]//Proceedings of the 19th Symposium on Interactive 3D Graphics and Games,2015:15-23.

[53] LI S L,WANG Q H,Xiong Z L,et al. Multiple orthographic frustum combing for real-time computer-generated integral imaging system[J]. Journal of Display Technology,2014,10(8):704-709.

[54] GERHARDS J,MORA F,AVENEAU L,et al. Partitioned shadow volumes[C]//Computer Graphics Forum,2015,34(2):549-559.

[55] 张红祥,刘智望.一种自动锁螺丝机的Z轴缓冲装置:CN203579159U[P]. 2014-5-7.

[56] GREENE N,KASS M,MILLER G. Hierarchical Z-buffer visibility[C]//Proceedings of the 20th annual conference on Computer graphics and interactive techniques,1993:231-238.

[57] 罗国亮,王睿,吴昊,等.基于Z-buffer算法优化的大型变电站场景模型快速线消隐方法[J].图学学报,2021,42(5):775.

[58] ADELI H,FIEDOREK J. A MICROCAD system for design of steel connections—II. Applications[J]. Computers & structures,1986,24(3):361-374.

[59] HOLGADO-BARCO A,RIVEIRO B,GONZÁLEZ-AGUILERA D,et al. Automatic inventory of road cross-sections from mobile laser scanning system[J]. Computer-Aided Civil and Infrastructure Engineering,2017,32(1):3-17.

[60] ARIAS P,CARLOS CAAMAÑO J,LORENZO H,et al. 3D modeling and section properties of ancient irregular timber structures by means of digital photogrammetry[J]. Computer-Aided Civil and Infrastructure Engineering,2007,22(8):597-611.

[61] LIN Z,CHEN X,YANG H Y,et al. Experimental study on structural form and excavation model of urban metro cross transfer station with super large cross section and shallow excavation[J].

Advances in Civil Engineering,2020,2020:1-13.

[62] KARHU V. A view-based approach for construction process modeling[J]. Computer-Aided Civil and Infrastructure Engineering,2003,18(4):275-285.

[63] TABARROK B,QIN Z. Form finding and cutting pattern generation for fabric tension structures[J]. Computer-Aided Civil and Infrastructure Engineering,1993,8(5):377-384.

[64] ADELI H,PAEK Y J. Computer-aided design of structures using LISP[J]. Computers & structures,1986,22(6):939-956.

[65] ADELI H,CHENG N T. Concurrent genetic algorithms for optimization of large structures [J]. Journal of Aerospace Engineering,1994,7(3):276-296.

[66] PARK H S,ADELI H. Data parallel neural dynamics model for integrated design of large steel structures[J]. Computer-Aided Civil and Infrastructure Engineering,1997,12(5):311-326.

[67] ADELI H,KAMAL O. Concurrent analysis of large structures—I. Algorithms[J]. Computers & structures,1992,42(3):413-424.

[68] ADELI H,KAMAL O. Concurrent analysis of large structures—II. Applications[J]. Computers & structures,1992,42(3):425-432.

[69] ADELI H,KAMAL O. Parallel processing in structural engineering[M]. USA:CRC Press,1993.

[70] ADELI H,KAMAL O. Parallel structural analysis using threads[J]. Computer-Aided Civil and Infrastructure Engineering,1989,4(2):133-147.

[71] YANG X S,GU Y X,LI Y P,et al. Fast volume rendering and cutting for finite element model [J]. Computer-Aided Civil and Infrastructure Engineering,2003,18(2):121-131.

[72] PATEL R C,PEACE R J. Three dimensional printing:TW577795B[P]. 2004-3-1.

[73] 陈长波,李文康,杨文强. 一种保留模型特征的3D打印自适应切片方法:CN104708824A[P]. 2015-6-17.

[74] LIGON S C,LISKA R,STAMPFL J,et al. Polymers for 3D printing and customized additive manufacturing[J]. Chemical reviews,2017,117(15):10212-10290.

[75] 任建锋,黄启泰,王毅,等. 一种3d打印的切片方法:CN105881917A[P]. 2016-8-24.

[76] CHUANG L C,ADELI H. Design-independent CAD window system using the object-oriented paradigm and HP X widget environment[J]. Computers & structures,1993,48(3):433-440.

[77] BOGUSLAWSKI P. Modelling and analysing 3d building interiors with the dual half-edge data structure[M]. UK:University of South Wales,2011.

[78] 金育安,杜建科,王骥许,等. 一种面向3D打印的内部填充优化方法:CN106985393B[P]. 2019-7-16.

[79] BHANDARI S,LOPEZ-ANIDO R. Feasibility of using 3D printed thermoplastic molds for stamp forming of thermoplastic composites[C]//CAMX Conference Proceedings,2016.

[80] 刘旺玉,李鸣珂,江小勇,等. 一种制备生物支架的自适应直接切片方法:CN106671422B[P]. 2019-5-17.

[81] NELATURI S,WALTER K,RANGARAJAN A,et al. Automated metrology and model correction for three dimensional (3D) printability:US10061870[P]. 2018-8-28.

[82] WANG C L,LEUNG Y S,CHEN Y. Solid modeling of polyhedral objects by layered depth-normal images on the GPU[J]. Computer-Aided Design,2010,42(6):535-544.

[83] 谭光华,朱贤益,刘雪飞,等. 一种用于3d打印切片的快速生成方法:CN106200559A[P].

2016-12-7.

[84] MINETTO R,VOLPATO N,STOLFI J,et al. An optimal algorithm for 3D triangle mesh slicing[J]. Computer-Aided Design,2017,92:1-10.

[85] PIEPER S,HALLE M,KIKINIS R. 3D Slicer[C]//2004 2nd IEEE international symposium on biomedical imaging:nano to macro (IEEE Cat No. 04EX821),2004:632-635.

[86] KIM S,TAN Y,DEGUET A,et al. Real-time image-guided telerobotic system integrating 3D Slicer and the da Vinci Research Kit[C]//2017 First IEEE International Conference on Robotic Computing (IRC). 2017:113-116.

[87] KIKINIS R,PIEPER S. 3D Slicer as a tool for interactive brain tumor segmentation[C]//2011 Annual International Conference of the IEEE Engineering in Medicine and Biology Society, 2011: 6982-6984.

[88] XU H Y,GAGE H D,SANTAGO P. An open source implementation of colon CAD in 3D Slicer[C]//Medical Imaging 2010:Computer-Aided Diagnosis,2010,7624:599-607.

[89] PIEPER S,LORENSEN B,SCHROEDER W,et al. The NA-MIC Kit:ITK,VTK,pipelines, grids and 3D slicer as an open platform for the medical image computing community[C]//3rd IEEE International Symposium on Biomedical Imaging:Nano to Macro,2006:698-701.

[90] FEDOROV A,BEICHEL R,KALPATHY-CRAMER J,et al. 3D Slicer as an image computing platform for the Quantitative Imaging Network[J]. Magnetic resonance imaging, 2012, 30 (9): 1323-1341.

[91] CHENG G Z,ESTEPAR R S J,FOLCH E,et al. Three-dimensional printing and 3D slicer: powerful tools in understanding and treating structural lung disease[J]. Chest,2016,149(5):1136-1142.

[92] WALTER T,SHATTUCK D W,BALDOCK R,et al. Visualization of image data from cells to organisms[J]. Nature methods,2010,7(Suppl 3):S26-S41.

[93] PU J,ROOS J,CHIN A Y,et al. Adaptive border marching algorithm:automatic lung segmentation on chest CT images[J]. Computerized Medical Imaging and Graphics,2008,32(6):452-462.

[94] PRAGER R W,GEE A H,BERMAN L. Stradx:real-time acquisition and visualisation of freehand 3D ultrasound[J]. Medical image analysis,1998. DOI:http://dx. doi. org/.

[95] SHEWCHUK J R. Delaunay refinement algorithms for triangular mesh generation[J]. Computational geometry,2002,22(1-3):21-74.

[96] EBERLY D. Triangulation by ear clipping[J]. Geometric Tools,2008:2002-2005.

[97] HALE D,YOUNGBLOOD G,DIXIT P. Automatically-generated convex region decomposition for real-time spatial agent navigation in virtual worlds[C]//Proceedings of the AAAI Conference on Artificial Intelligence and Interactive Digital Entertainment,2008,4(1):173-178.

[98] TOUSSAINT G T. A new linear algorithm for triangulating monotone polygons[J]. Pattern Recognition Letters,1984,2(3):155-158.

[99] DEERING M. Geometry compression[C]//Proceedings of the 22nd annual conference on Computer graphics and interactive techniques,1995:13-20.

[100] RASSINEUX A. 3D mesh adaptation. Optimization of tetrahedral meshes by advancing front technique[J]. Computer methods in applied mechanics and engineering,1997,141(3-4):335-354.

[101] WANG J,YIN L J,WEI X Z,et al. 3D facial expression recognition based on primitive surface feature distribution[C]//2006 IEEE Computer Society Conference on Computer Vision and Pattern Recognition (CVPR'06),2006,2:1399-1406.

[102] ALAUZET F,LI X R,SEOL E S,et al. Parallel anisotropic 3D mesh adaptation by mesh modification[J]. Engineering with Computers,2006,21:247-258.

[103] PENG J L,KIM C S,KUO C C J. Technologies for 3D mesh compression:A survey[J]. Journal of visual communication and image representation,2005,16(6):688-733.

[104] GULLY A J,DAFFERN H,MURPHY D T. Diphthong synthesis using the dynamic 3D digital waveguide mesh[J]. IEEE/ACM Transactions on Audio,Speech,and Language Processing,2017,26(2): 243-255.

[105] WERGHI N,TORTORICI C,BERRETTI S,et al. Representing 3D texture on mesh manifolds for retrieval and recognition applications[C]//Proceedings of the IEEE Conference on Computer Vision and Pattern Recognition,2015:2521-2530.

[106] MAGLO A,LAVOUÉ G,DUPONT F,et al. 3d mesh compression:Survey,comparisons,and emerging trends[J]. ACM Computing Surveys(CSUR),2015,47(3):1-41.

[107] 王一山. 三维网格序列的压缩方法研究[D]. 北京:北京工业大学,2014.

[108] ALEXA M,MÜLLER W. Representing animations by principal components[C]//Computer Graphics Forum. Oxford,UK and Boston,USA:Blackwell Publishers Ltd,2000,19(3):411-418.

[109] BRICEÑO PULIDO H M. Geometry videos:a new representation for 3D animations[D]. USA:Massachusetts Institute of Technology,2003.

[110] PAYAN F,ANTONINI M. Wavelet-based compression of 3d mesh sequences[C]//ACIDCA-ICMI'2005,2005.

[111] KARNI Z,GOTSMAN C. Compression of soft-body animation sequences[J]. Computers & Graphics,2004,28(1):25-34.

[112] LUO G L,CORDIER F,SEO H. Compression of 3D mesh sequences by temporal segmentation[J]. Computer Animation and Virtual Worlds,2013,24(3-4):365-375.

[113] AU O K C,TAI C L,CHU H K,et al. Skeleton extraction by mesh contraction[J]. ACM transactions on graphics (TOG),2008,27(3):1-10.

[114] YANG B L,ZHANG L H,LI F W B,et al. Motion-aware compression and transmission of mesh animation sequences[J]. ACM Transactions on Intelligent Systems and Technology(TIST),2019, 10(3):1-21.

[115] IBARRIA L,ROSSIGNAC J. Dynapack:space-time compression of the 3D animations of triangle meshes with fixed connectivity[C]//Symposium on Computer Animation,2003:3.

[116] 张竑. 数字媒体时代的三维动画变革研究[D]. 哈尔滨:哈尔滨师范大学,2011.

[117] 郑磊. 计算机动画简史[J]. 黑龙江科技信息,2007(09X):91.

[118] LAKE A,MARSHALL C,HARRIS M,et al. Stylized rendering techniques for scalable real-time 3d animation[C]//Proceedings of the 1st international symposium on Non-photorealistic animation and rendering,2000:13-20.

[119] WILLIAMS R. The animator's survival kit:a manual of methods,principles and formulas for classical,computer,games,stop motion and internet animators[M]. UK:Macmillan,2012.

[120] 金小刚,鲍虎军,彭群生. 计算机动画技术综述[J]. 软件学报,1997,8(4):241-251.

[121] 蔡美玲. 三维人体运动分析与动作识别方法[D]. 湖南:中南大学,2014.

[122] ZHAO J B,WANG Z T,PENG Y Q,et al. Real-Time Generation of Leg Animation for Walking-in-Place Techniques[C]//Proceedings of the 18th ACM SIGGRAPH International Conference on Virtual-Reality Continuum and its Applications in Industry,2022:1-8.

[123] CHRISTENSEN J H E,KROGSTRUP S. A portfolio model of quantitative easing[J]. Peterson Institute for International Economics Working Paper,2016. DOI:10. 13140/RG. 2. 2. 12387. 14884.

[124] LIU X M,HAO A M,ZHAO D. Optimization-based key frame extraction for motion capture animation[J]. The visual computer,2013,29:85-95.

[125] REDWAY3D. Loading and playing skeletal animations [EB/OL]. http://www. downloads. redway3d. com/downloads/public/documentation/wf_skeletal_animation. html.

[126] MAGNENAT-THALMANN N,Thalmann D,et al. Computer animation[M]. Japan:Springer Japan,1985.

[127] CHADWICK J E,HAUMANN D R,PARENT R E. Layered construction for deformable animated characters[J]. ACM Siggraph Computer Graphics,1989,23(3):243-252.

[128] AUBEL A,THALMANN D. Interactive modeling of the human musculature[C]//Proceedings Computer Animation 2001. Fourteenth Conference on Computer Animation (Cat. No. 01TH8596). 2001:167-255.

[129] NG-THOW-HING V,FIUME E. B-spline solids as physical and geometric muscle models for musculoskeletal systems[C]//Proceedings of the International Symposium of Computer Simulation in Biomechanics,1999:68-71.

[130] LI Y J,XU H Y,BARBIČ J. Enriching triangle mesh animations with physically based simulation[J]. IEEE transactions on visualization and computer graphics,2016,23(10):2301-2313.

[131] 邹林灿. 网格动画编辑算法研究[D]. 杭州:浙江大学,2008.

[132] HUMES L E,BUSEY T A,CRAIG J C,et al. The effects of age on sensory thresholds and temporal gap detection in hearing,vision,and touch[J]. Attention,Perception,&Psychophysics,2009, 71:860-871.

[133] SATTLER M,SARLETTE R,KLEIN R. Simple and efficient compression of animation sequences[C]//Proceedings of the 2005 ACM SIGGRAPH/Eurographics symposium on Computer animation,2005:209-217.

[134] GONG D,MEDIONI G,ZHU S K,et al. Kernelized temporal cut for online temporal segmentation and recognition [C]//Computer Vision-ECCV 2012: 12th European Conference on Computer Vision,Proceedings,Part Ⅲ 12. 2012:229-243.

[135] SMOLA A,GRETTON A,SONG L,et al. A Hilbert space embedding for distributions[C]// International conference on algorithmic learning theory,2007:13-31.

[136] KAVAN L,SLOAN P P,O'SULLIVAN C. Fast and efficient skinning of animated meshes [C]//Computer Graphics Forum,2010,29(2):327-336.

[137] LEE T Y,WANG Y S,CHEN T G. Segmenting a deforming mesh into near-rigid components [J]. The Visual Computer,2006,22:729-739.

[138] WUHRER S,BRUNTON A. Segmenting animated objects into near-rigid components[J]. The Visual Computer,2010,26:147-155.

[139] DEUTSCH P,GAILLY J L. Zlib compressed data format specification version 3. 3[R]. 1996.

[140] JOHN N,VISWANATH A,SOWMYA V,et al. Analysis of various color space models on effective single image super resolution[C]//Intelligent Systems Technologies and Applications:Volume 1. 2016:529-540.

[141] CHEN K S,RAMABADRAN T V. Near-lossless compression of medical images through

entropy-coded DPCM[J]. IEEE Transactions on Medical Imaging,1994,13(3):538-548.

[142] BIRAJDAR A,AGARWAL H,BOLIA M,et al. Image compression using run length encoding and its optimisation[C]//2019 Global Conference for Advancement in Technology (GCAT),2019:1-6.

[143] 吕姣霖,徐艳.哈夫曼编码在图像压缩中的应用与分析[J].数字通信世界,2021(1):189-190.

[144] ARAVIND R,CIVANLAR M R,REIBMAN A R. Packet loss resilience of MPEG-2 scalable video coding algorithms[J]. IEEE Transactions on Circuits and Systems for Video Technology,1996,6(5):426-435.

[145] 贾川民,马海川,杨文瀚,等.视频处理与压缩技术[J].中国图像图形学报,2021,26(6):1179-1200.

[146] BRADY N,BOSSEN F,MURPHY N. Context-based arithmetic encoding of 2D shape sequences[C]//Proceedings of international conference on image processing,1997,1:29-32.

[147] 沈良生.基于运动补偿方法在视频压缩方面的应用研究[J].电脑与信息技术,2021,29(5):14-16.

[148] 郎丰博.数字视频压缩的算法研究——基于MPEG-4的运动估计和纹理编码技术的研究[J].黑龙江科技信息,2015(10):144.

[149] LUO G L,DENG Z G,JIN X G,et al. 3D mesh animation compression based on adaptive spatio-temporal segmentation[C]//Proceedings of the ACM SIGGRAPH Symposium on Interactive 3D Graphics and Games,2019:1-10.

[150] LUO G L,DENG Z G,ZHAO X,et al. Spatio-temporal segmentation based adaptive compression of dynamic mesh sequences[J]. ACM Transactions on Multimedia Computing,Communications,and Applications(TOMM),2020,16(1):1-24.

[151] ROWEIS S T,SAUL L K. Nonlinear dimensionality reduction by locally linear embedding[J]. science,2000,290(5500):2323-2326.

[152] DIJKSTRA E W. A note on two problems in connexion with graphs[M]. Edsger Wybe Dijkstra:His Life,Work,and Legacy,2022:287-290.

[153] DEUTSCH P,GAILLY J L. Zlib compressed data format specification version 3.3[R]. 1996.

[154] ZIV J,LEMPEL A. A universal algorithm for sequential data compression[J]. IEEE Transactions on information theory,1977,23(3):337-343.

[155] VASA L,SKALA V. A perception correlated comparison method for dynamic meshes[J]. IEEE transactions on visualization and computer graphics,2010,17(2):220-230.

[156] AU O K C,TAI C L,CHU H K,et al. Skeleton extraction by mesh contraction[J]. ACM transactions on graphics(TOG),2008,27(3):1-10.

[157] REN Z,SHAKHNAROVICH G. Image segmentation by cascaded region agglomeration[C]//Proceedings of the IEEE Conference on Computer Vision and Pattern Recognition,2013:2011-2018.

[158] VÁŠA L,SKALA V. Cobra:Compression of the basis for pca represented animations[C]//Computer Graphics Forum. 2009,28(6):1529-1540.

[159] VÁŠA L,MARRAS S,HORMANN K,et al. Compressing dynamic meshes with geometric laplacians[C]//Computer Graphics Forum,2014,33(2):145-154.

[160] KARNI Z,GOTSMAN C. Compression of soft-body animation sequences[J]. Computers & Graphics,2004,28(1):25-34.

[161] 王贺.基于数据结构化的三维动画压缩及其优化方法研究[D].南昌:华东交通大学,2022:1-51.

［162］陈劲舟.虚拟现实及触觉交互技术的趋势与瓶颈［J］.轻工科技,2021,37(9):59-60,65.

［163］聂蓉梅,周潇雅,肖进,等.数字孪生技术综述分析与发展展望［J］.宇航总体技术,2022,6(1):1-6.

［164］于帆.数字孪生技术解锁文旅全息智能场景［N］.中国文化报,2022-9-6(7).

［165］OLADE I,FLEMING C,LIANG H N. Biomove:Biometric user identification from human kinesiological movements for virtual reality systems［J］. Sensors,2020,20(10):2944.

［166］朱雄军.虚拟现实中多刚体人体模型的构建［J］.武汉职业技术学院学报,2005(1):60-62.

［167］梅胜,王晓丽.元宇宙医学应用场景的研究［J］.中国数字医学,2022,17(11):45-48.

［168］华子荀,付道明.学习元宇宙之内涵、机理、架构与应用研究——兼及虚拟化身的学习促进效果［J］.远程教育杂志,2022,40(1):26-36.

［169］何哲.虚拟化与元宇宙:人类文明演化的奇点与治理［J］.电子政务,2022(1):41-53.

［170］阚贝加.支撑元宇宙发展的关键计算机网络技术研究［J］.价值工程,2022,41(22):73-75.

［171］蒋宇楼,朱毅诚.元宇宙的概念和应用场景:研究和市场［J］.中国传媒科技,2022(1):19-23.